AF388076

Henrik Klar

Naturschutzfachliche Aufwertung von Unternehmensarealen

Entwicklung eines Konzeptes
zur Integration lokaler Naturschutzziele
in das Arealmanagement von Unternehmen

disserta
Verlag

Klar, Henrik: Naturschutzfachliche Aufwertung von Unternehmensarealen. Entwicklung eines Konzeptes zur Integration lokaler Naturschutzziele in das Arealmanagement von Unternehmen Hamburg, disserta Verlag, 2015

Buch-ISBN: 978-3-95935-214-7
PDF-eBook-ISBN: 978-3-95935-215-4
Druck/Herstellung: disserta Verlag, Hamburg, 2015
Covermotiv: © Uladzimir Bakunovich – Fotolia.com

Bibliografische Information der Deutschen Nationalbibliothek:
Die Deutsche Nationalbibliothek verzeichnet diese Publikation in der Deutschen Nationalbibliografie; detaillierte bibliografische Daten sind im Internet über http://dnb.d-nb.de abrufbar.

Das Werk einschließlich aller seiner Teile ist urheberrechtlich geschützt. Jede Verwertung außerhalb der Grenzen des Urheberrechtsgesetzes ist ohne Zustimmung des Verlages unzulässig und strafbar. Dies gilt insbesondere für Vervielfältigungen, Übersetzungen, Mikroverfilmungen und die Einspeicherung und Bearbeitung in elektronischen Systemen.

Die Wiedergabe von Gebrauchsnamen, Handelsnamen, Warenbezeichnungen usw. in diesem Werk berechtigt auch ohne besondere Kennzeichnung nicht zu der Annahme, dass solche Namen im Sinne der Warenzeichen- und Markenschutz-Gesetzgebung als frei zu betrachten wären und daher von jedermann benutzt werden dürften.

Die Informationen in diesem Werk wurden mit Sorgfalt erarbeitet. Dennoch können Fehler nicht vollständig ausgeschlossen werden und die Diplomica Verlag GmbH, die Autoren oder Übersetzer übernehmen keine juristische Verantwortung oder irgendeine Haftung für evtl. verbliebene fehlerhafte Angaben und deren Folgen.

Alle Rechte vorbehalten

© disserta Verlag, Imprint der Diplomica Verlag GmbH
Hermannstal 119k, 22119 Hamburg
http://www.disserta-verlag.de, Hamburg 2015
Printed in Germany

4.1 Grundlagen der Datenerhebung und Auswertung 31

4.1.1 Strukturkartierung 32

4.1.2 Vegetationsaufnahme 32

4.1.3 Lokale Besonderheiten und Schutzziele 34

4.1.3.1 Das Arten und Biotopschutzprogramm 35

4.1.3.2 Potentielle natürliche Vegetation 36

4.1.4 Die Methode der Zeigerarten nach Ellenberg und ihr ökologischer Hintergrund 37

4.2 Umsetzung der Datenerhebung 39

4.2.1 Aufnahmebogen 39

4.2.2 Anwendung der Methode der Zeigerarten nach Ellenberg 41

5 Best Practice: *Roche Diagnostics*, Penzberg (Obb.) 41

6 Charakterisierung der Untersuchungsflächen 45

6.1 *Rapunzel*, Legau 45

6.1.1 Lage und Beschreibung des Areals (allgemein) 46

6.1.2 Strukturtypen und deren Standortbedingungen 48

6.1.3 Zusammenfassung der Standortbedingungen 62

6.2 *Bergader*, Waging 63

6.2.1 Lage und Beschreibung des Areals (allgemein) 63

6.2.2 Strukturtypen und deren Standortbedingungen 66

6.2.3 Zusammenfassung der Standortbedingungen 81

7 Entwicklungsziele für die einzelnen Untersuchungsflächen 82

7.1 *Rapunzel*, Legau 83

7.1.1 Bilanzen, Ziele, Schwerpunkte und Maßnahmen des Naturschutzes in und um Legau 83

7.1.2 Zielarten für das Areal von *Rapunzel*, Legau 87

7.1.2.1 Schleiereule (*Tyto alba*) 88

7.1.2.2 Neuntöter (*Lanius collurio*) 90

7.2 *Bergader*, Waging 92

7.2.1 Bilanzen, Ziele, Maßnahmen und Schwerpunkte des Naturschutzes in und um Waging 92

7.2.2 Zielarten für das Areal von *Bergader*, Waging 99

7.2.2.1 Wimperfledermaus (*Myotis emarginatus*) 100

7.2.2.2 Dunkler Wiesenknopf-Ameisenbläuling (*Maculinea nausithous*) 101

8 Empfehlungen zur Aufwertung der Untersuchungsflächen 103

8.1 *Rapunzel*, Legau 103

8.2 *Bergader*, Waging 106

9 Diskussion 107

10 Zusammenfassung und Ausblick 119

11 Literatur 122

12 Anhang 128

12.1 Abbildungsverzeichnis 128

12.2 Tabellenverzeichnis 128

12.3 Kartenverzeichnis 128

12.4 Anhänge 129

Dankssagung

Mein besonderer Dank gilt zunächst meiner Arbeitsbetreuerin Dr. Annette Voigt für die jederzeit engagierte Hilfe und Unterstützung. Weiter möchte ich meinen FreundInnen und StudienkollegInnen für die zahlreichen Diskussionen danken, die mich beim Schreiben dieser Arbeit oft weiter gebracht haben. Nicht zuletzt bedanke ich mich bei Johanna Schnellinger und der ANL Laufen für die finanzielle und organisatorische Unterstützung.

Ebenfalls danken möchte ich Torsten Sause von *Roche Diagnostics* Penzberg, Beatrice Kress, der Geschäftsführerin der *Bergader* Käserei in Waging sowie Daniela Sottsas von *Rapunzel* in Legau, dass sie mir ermöglicht haben, ihre Betriebsgelände zu besichtigen.

Abstract

In dieser Masterarbeit wird ein Konzept zur naturnahen Gestaltung von Unternehmensarealen entwickelt. Dabei steht eine naturschutzfachliche Aufwertung der Flächen unter Einbeziehung des bayerischen Arten- und Biotopschutzprogrammes auf Landkreisebene im Fokus. Ziel ist es, Unternehmensareale als Lebensräume für naturschutzfachlich relevante Arten zu erschließen. Schwerpunkt der Arbeit ist die Entwicklung einer mehrstufigen Methodik: Nach einem speziellen Schema werden aus dem Spektrum regional auftretender geschützter oder gefährdeter Arten Zielarten für die Umgestaltung von Betriebsgeländen ausgewählt. Durch Berücksichtigung der Ansprüche, die diese Zielarten an ihre Lebensräume stellen, können im lokalen Kontext sinnvolle und standortgerechte Aufwertungsmaßnahmen abgeleitet und geplant werden. Es wurden Arten ausgewählt, die im Umfeld der Betriebsgelände nachgewiesen wurden. Darum bestehen die von ihnen bevorzugten Habitatstrukturen in diesem Gebiet. Da es sich um naturschutzfachlich relevante Arten handelt sind diese Strukturen jedoch tendenziell eher selten. Das Konzept beinhaltet somit auch einen Leitfaden zur Identifizierung seltener, aber lokal typischer und für die Zielarten überlebenswichtiger Strukturen. Wenn ein Areal durch Schaffung dieser Strukturen naturnah gestaltet wird, liegt eine naturschutzfachliche Aufwertung vor, die sich an den Ansprüchen ausgewählter lokal auftretender Arten orientiert. Zudem führt eine Aufwertung nach diesen Kriterien unter Umständen dazu, dass sich ein Betriebsgelände besser in die regionaltypische Landschaft eingliedert.

Das Konzept wird in dieser Arbeit beispielhaft auf zwei Unternehmensareale angewendet. Es werden jeweils Zielarten benannt und auf Grundlage der Lebensraumansprüche dieser Arten Maßnahmen für ausgewählte Zielflächen auf den Arealen vorgeschlagen.

Schlagwörter

Naturnahe Gestaltung, naturschutzfachliche Aufwertung, Betriebsgelände, Unternehmensareal, Firmengelände, Arten und Biotopschutzprogramm, Zielart, repräsentative Art, Renaturierungsökologie, Stadtökologie, Naturschutz, Stadtnatur.

Glossar

Begriffe und Formulierungen, für die eine genaue Definition im Rahmen dieser Arbeit notwendig ist, sind bei ihrer ersten Erwähnung in einer Fußnote erläutert.

1 Einleitung

Bayern ist eine wirtschaftlich sehr erfolgreiche Region. Das Wirtschaftswachstum Bayerns ist das höchste in Deutschland. Mit einem Wachstum von 16,2 % in den Jahren 1999 bis 2009 war es sogar höher als das Wachstum der meisten westeuropäischen Staaten (BAYERISCHE STAATSREGIERUNG: 2014) Bayern hatte 2013 mit 38.429 € von den Flächenstaaten Deutschlands das zweitgrößte Bruttoinlandsprodukt pro Kopf (knapp hinter Hessen, mit 38.490€) (STATISTA: 2014a). Das gesamte BIP Bayerns lag mit 487.987 Mio. € an zweiter Stelle nach dem BIP Nordrhein Westfalens (599.752 Mio. €) (STATISTA: 2014b).

Ein Nebeneffekt des wirtschaftlichen Erfolges ist ein erhöhter Flächenverbrauch. Pro Millionen Euro realem BIP werden gut 0,8 ha Siedlungs- und Verkehrsfläche in Anspruch genommen (STATISTISCHES BUNDESAMT: 1999; 5). Einhergehend mit diesem Flächenverbrauch und seinem zu erwartendem Anstieg steigt auch der Druck auf naturnahe Räume und die freie Landschaft. Neben deren Vernichtung oder Zerschneidung nehmen auch die Störungen[1] der verbliebenen Lebensräume, etwa in Form verschiedener Emissionen durch Verkehr und Produktion, zu. Die Zerstörung von Lebensräumen ist nach Nutzungsintensivierung und Nutzungsaufgabe die dritthäufigste Gefährdungsursache von Farn-und Blütenpflanzen der Roten Liste (LÜTT: 2004; 23, nach KORNEK ET AL.: 1998). In Bayern ist heute die Aussterberate 100 bis 1000-mal höher, als dies unter natürlichen Bedingungen zu erwarten wäre (STMUV: 2014).

Diese Umstände wurden von der Umweltpolitik freilich erkannt und aufgegriffen. Die bayerische Biodiversitätsstrategie, in der festgehalten ist, dass sich die Gefährdungssituation für mindestens 50% der Rote Liste Arten bis 2020 um eine Stufe gebessert haben soll (STMUG: 2009; 13), ist Ausdruck dieser Politik (vgl. 3.2.1). Dieses und andere Ziele sollen durch verschiedene Ansätze erreicht werden. Unter anderem soll der Aspekt der Erhaltung der biologischen Vielfalt verstärkt in der Wirtschaft integriert werden. Dies ist die Aufgabe des Projektes „Unternehmen Natur". Dieses Projekt ist ein Teil des Aktionsprogramms "Bayerische Artenvielfalt", das aus der Biodiversitätsstrategie hervorgegangen ist und durch das Staatsministerium für Umwelt- und Verbraucherschutz finanziert wird.

Ziel des Projektes ist es, Firmen zu animieren, ihre Freiflächen so zu gestalten, dass sie einen optimierten Beitrag zur Förderung der biologischen Vielfalt in bebauten Gebieten leisten. Darüber hinaus soll durch die Umgestaltung der Nutzwert für Betriebsangehörige und gegebenenfalls AnwohnerInnen erhöht werden. Der Fokus liegt dabei auf den Außenbereichen der Areale, einschließlich der Dächer und Fassaden der Gebäude. Zentrale Elemente von „Unternehmen Natur – Biologische Vielfalt und Wirtschaft" sind die Ausarbeitung eines Unternehmenskonzepts, eines Anreizsystems für Unternehmen, naturschutzfachlicher und sozialer Qualitätskriterien sowie der Aufbau eines Netzwerks (ANL: 2014). In dieser Masterarbeit befasse ich mich mit den naturschutzfachlichen Aspekten des Projektes. Ziel ist die Entwicklung eines Konzeptes, das das Regionale Arten- und Biotopschutzprogramm sinnvoll in das Arealmanagement von Unternehmen Integriert. Auf Basis regionaler Schwerpunktarten des Naturschutzes und der individuellen Bedingungen auf dem jeweiligen Areal können so maßgeschneiderte Vorschläge zur Aufwertung von Unternehmensarealen erarbeitet werden. Durch Umsetzung dieser Vorschläge könnten die Unternehmensflächen bestehende Flächen mit naturschutzfachlichem Wert ergänzen oder zu

---

[1] Als Störung bezeichnet man ein Ereignis, das einen Lebensraum in solcher Weise beeinträchtigt, dass die Struktur und/oder Funktion einer Lebensgemeinschaft reversibel oder irreversibel beeinflusst (Smith & Smith: 2009).

Trittsteinbiotopen für gefährdete Arten in der Region[2] werden. Entscheidend ist dabei, dass ich nicht auf universell anwendbare Maßnahmen zurückgreife, sondern Maßnahmen vorschlage, die sich an den Bedürfnissen tatsächlich in der Umgebung auftretender, naturschutzrelevanter Arten orientieren. Diese Vorgehensweise soll einer Vereinheitlichung von naturnah gestalteten Unternehmensarealen entgegenwirken, die sich durch die Anwendung baukastenartig organisierter Modul-Aufwertung in den letzten Jahren etabliert hat. Bei derartigen Baukasten-Aufwertungen werden bestimmte Strukturen[3] geplant (z. B. Hecken, Teiche, „Insektenhotels"), von denen man annimmt, dass sie sich förderlich auf die Anzahl der Arten auf einem Areal auswirken (vgl. 2.1). Lokale Besonderheiten der umgebenden Landschaft und des vorhandenen Artenspektrums fließen bei diesen Ansätzen jedoch nicht mit ein, sodass die Förderung einer gefährdeten und regional auftretenden Art, höchstens durch Zufall möglich ist. So wird das große Potential von Unternehmensarealen, die durchaus ein flächenmäßig bedeutsamer Strukturtyp sind (vgl. 2.4), einen Beitrag zur lokalen Artenvielfalt zu leisten, nicht ausgeschöpft.

In dieser Arbeit habe ich ein Konzept entwickelt, durch das sichergestellt werden soll, dass die naturschutzfachliche Aufwertung von Unternehmensarealen gefährdete Arten, die in der Umgebung auftreten, tatsächlich fördern kann. Dieses Konzept habe ich anschließend auf zwei Unternehmensarealen in der Praxis angewendet. Dabei wählte ich zunächst nach einem speziellen Schema aus allen Schwerpunktarten, die im Arten- und Biotopschutzprogramm des jeweiligen Landkreises aufgelistet sind, Zielarten aus. Im Schema wird dabei besonderen Wert darauf gelegt, dass die Ansprüche der jeweiligen Art mit den unveränderbaren Bedingungen auf der Zielfläche[4] vereinbar sind. So war beispielsweise zu klären, ob eine Art die zu erwartenden betriebsbedingten Störungen tolerieren kann. Begründet durch die Bedürfnisse und Ansprüche dieser Zielarten schlage ich anschließend grob skizzierte Konzepte für die Umgestaltung des jeweiligen Areals vor.

Die Arbeit beginnt mit einem einführenden Teil (Kapitel 2), in dem die Relevanz Themas und dessen wissenschaftlicher Hintergrund (2.2-2.4), aktuelle verwandte Projekte (2.1) sowie Grundlagen der Ökologie urban-industrieller Flächen erörtert werden (2.5-2.8). Zur besseren Verständlichkeit der Zusammenhänge und zur besseren Übersichtlichkeit der Themenfelder habe ich mich entschlossen, in den beiden anschließenden Kapiteln (3 und 4) die jeweiligen Methoden und die ihnen zugrundeliegende Theorie in jeweils ein Kapitel zusammenzufassen. Dabei stelle ich jeweils zuerst den theoretischen Hintergrund einer Methode dar (3.1/4.1) und erläutere in der Folge, wie ich diese anwende (3.2/4.2). Das Kapitel erste dieser Kapitel befasse ich mich mit der Theorie und Methodik der Zielfindung (3). Hier erläutere ich zunächst allgemeine Hintergründe und Ansätze der naturschutzfachlichen Zielfindung (3.1). In 3.2 beschreibe ich, wie ich diese im Rahmen dieser Arbeit adaptiert habe. Im anschließenden Kapitel (4) behandle ich zunächst die Grundlagen der relevanten Datenerhebungen (4.1). Dies sind Strukturkartierung (4.1.1), Vegetationsaufnahme (4.2.2), Lokale Besonderheiten und Schutzziele (4.3.3) sowie Die Methode der Zeigerarten nach Ellenberg und ihr ökologischer Hintergrund (4.3.4). Im darauf folgenden Abschnitt erläutere ich die praktische Umsetzung der Erhebungen (4.2). Im nächsten Kapitel (5) beschreibe ich die Maßnahmen, die auf dem Betriebsgelände von *Roche Diagnostics* in Penzberg getroffen wurden, um für den folgenden, eher praktischen, Teil der Arbeit zu veranschaulichen wie Aufwertungsmaßnahmen in der Praxis umgesetzt werden können. Das Areal kann als eine Art „Best Practice"-Beispiel für diese Arbeit

---

[2] „Planungsregion" oder teils auch kurz „Region" bezeichnet im Rahmen dieser Arbeit den Landkreis in dem eine Planungsfläche liegt.

[3] Als Struktur bezeichne ich im Rahmen dieser Arbeit bauliche- und Vegetationselemente mit kategorisierbaren Beschaffenheiten.

[4] Unter „Zielfläche" verstehe ich einen Teilbereich des Betriebsgeländes, auf den Maßnahmen angewendet werden können.

angesehen werden. Dies jedoch nicht etwa, weil hier eine herausragende naturnahe Gestaltung umgesetzt wurde, sondern weil es sich in einem naturschutzfachlich wertvollen Gebiet befindet und das Unternehmen durch diverse Maßnahmen versucht hat, diesem Umstand gerecht zu werden. Im folgenden Kapitel (6) charakterisiere ich die Untersuchungsflächen[5]. Neben allgemeinen Angaben zu den Unternehmen und deren Umgebung (6.1.1/6.2.1) ist der Schwerpunkt dieses Kapitels vor allem die Beschreibung der verschiedenen Strukturtypen auf den Arealen und der Standortbedingungen[6] durch die Auswertung der ökologischen Zeigerwerte der dort auftretenden Arten (6.1.2/6.2.2). Kapitel 7 behandelt anschließend die Entwicklungsziele für die einzelnen Untersuchungsflächen. Zunächst beschreibe ich hier die naturschutzfachlichen Eigenheiten der jeweiligen Umgebung der Areale und der Landkreise in denen sie liegen (7.1.1/7.2.1). Auf dieser Basis wähle ich anschließend Zielarten aus, begründe die jeweilige Entscheidung und gebe zu jeder Zielart die wichtigsten Informationen zu ihren Merkmalen und Eigenschaften in einem eigenen Unterkapitel an (7.1.2/7.2.2). Dies ist die Grundlage für die konkreten Maßnahmenvorschläge, die ich im darauf folgenden Kapitel 8 kompakt aufliste. Abschließend erörtere ich im Diskussionskapitel (9) die Probleme, Schwächen und Bedenken, die mir bezüglich meiner Vorgehensweise aufgefallen sind und fasse die Ergebnisse und Erkenntnisse im letzten Kapitel (10) zusammen.

2 Relevanz und wissenschaftlicher Hintergrund der Aufwertung urban-industrieller Flächen

Die Flächen auf die ich mich im Rahmen dieser Arbeit beziehe sind durchwegs einem bestimmten Ökosystemtyp zuzuordnen: Im Kontext der Stadtökologie wird hier häufig der Begriff „urban-industrielle Ökosysteme" verwendet. Zwar findet sich zu diesem Terminus keine einheitliche Definition, jedoch ist allen Ansätzen der gemein, dass es sich dabei um Bereiche der Landschaft handelt, in denen ökologische Prozesse maßgeblich durch das Wirken des Menschen bestimmt werden (z. B. UMWELTBUNDESAMT: 2014, NIEDERSTADT: 1998; 42, REBELE: 2009; 389, FELLENBERG et al.: 1999, u.v.m.). WITTIG (et al.: 1993; 318) unterteilt derartige Landschaften in sechs Hauptnutzungstypen:

- bebaute Gebiete (exklusive Industriebebauung)
- Industriestandorte, Speicheranlagen, Großmärkte
- Verkehrsflächen
- Brachflächen
- Entsorgungsflächen
- Grünflächen

In diesem Kapitel befasse ich mich insbesondere mit den ersten drei Nutzungstypen, die in der Flächennutzungsplanung als Siedlungs- und Verkehrsflächen bezeichnet werden (vgl. 2.4). Ich ordne das Thema der Arbeit mit diesem Fokus in die Wissenschaft ein, erörtere die wissenschaftlichen und gesellschaftlichen Hintergründe des Themenfeldes und behandle die ökologischen Grundlagen urban-industrieller Ökosysteme.

---

[5] Als Untersuchungsflächen bezeichne ich im Rahmen dieser Arbeit die gesamten Unternehmensareale/Betriebsgelände.

[6] „Standort", „Standortbedingungen" oder „Standortfaktoren" bezeichnet die Gesamtheit aller abiotischen und biotischen Umweltbedingungen, die in einem Geländeausschnitt wirksam werden (DENFER ET AL.: 1978; 856)

2.1 Aktuelle Projekte und Ansätze zur naturschutzfachlichen Aufwertung von Unternehmensarealen

Der Ansatz, im Betrieb befindliche Unternehmensareale naturschutzfachlich aufzuwerten, wird derzeit im deutschsprachigen Raum von verschiedenen Projekten verfolgt. Diese unterscheiden sich in ihren Kriterien bzw. Schwerpunkten und ihrer Organisation, bzw. Struktur. Alle Ansätze umfassen jedoch unter anderem das Ziel, heimischen Arten neue Lebensräume zu schaffen, bzw. diese zu erweitern. Ich versuche in diesem Unterkapitel einen Überblick über die wichtigsten Programme und Projekte im deutschsprachigen Raum zu geben und dabei verschiedene Regionen und Ansätze abzudecken. Ziel dieses Kapitels ist es außerdem, die Relevanz dieser Arbeit aufzuzeigen, da sie mit dem Einbeziehen lokaler Naturschutzziele in die Planung von Aufwertungsmaßnahmen einen Aspekt behandelt, der in keinem der angeführten Ansätze, Programme und Projekte eingeschlossen wird.

Eines der älteren Projekte ist die 1995 in der Schweiz gegründete *Stiftung Natur&Wirtschaft*. Sie verfolgt das Ziel auf Unternehmensarealen die Lebensqualität für Tiere, Pflanzen und Menschen zu erhöhen. Der Erfolg ist beachtlich: bereits 318 Unternehmen wurden für die naturnahe Gestaltung ihrer Areale ausgezeichnet (STIFTUNG NATUR&WIRTSCHAFT: 2013). Die Gestaltungskriterien sind hier sehr klar definiert:

- mindestens 30% der Umgebungsfläche sind naturnah zu gestalten (incl. Flachdächer)
- auf naturnahen Flächen nur einheimische und standortgerechte Pflanzen verwenden
- auf Biozide, Düngemittel und Herbizide verzichten
- max. 2 Schnitte pro Jahr
- Verkehrsflächen mit möglichst durchlässigen Bodenbelägen von regionaler Herkunft
- Dach- und Regenwasser weitgehend oberflächlich versickern, wenn das Wasser nicht verschmutzt ist und Untergrund für eine Versickerung geeignet ist
- wo immer möglich, werden aktiv Lebensräume für Wildtiere geschaffen
- fachgerechte Planung, Realisation und Pflege des naturnahen Areals sind gewährleistet

(LOCHER, R.: 2007).

Der Anreiz für die Unternehmen besteht darin, mit dem Zertifikat werben zu können. Die Stiftung bietet jedoch keine direkte Unterstützung bei der Umsetzung an, sondern tritt eher als Vermittlerin auf.

In Deutschland, Österreich und der Schweiz befasst sich seit 2008 die Bodenseestiftung, eine projektorientierte Naturschutzorganisation der Bodensee Anrainerstaaten, mit der naturnahen Gestaltung von Firmengeländen. Die Kriterien für die Gestaltung sind in diesem Projekt (noch) etwas weiter gefasst:

- Maßnahmen auf Rest- und Brachflächen
- einheimische standortgerechte Pflanzen
- Sicherstellung vielfältiger Lebensräume
- Funktionalität des Geländes als Gewerbefläche hat Priorität

(TRÖTSCHLER: 2013).

Soweit aus der Internetpräsenz des Projektes hervorgeht, wurde jedoch bisher noch kein Unternehmensareal nach diesen Kriterien (um-)gestaltet. Erste Ergebnisse werden 2016 erwartet (BODENSEESTIFTUNG: 2008).

Auch in Ostösterreich gibt es seit kurzem ein Projekt, dass naturnahe Unternehmensareale fördern soll: *Natur im Betrieb* ist ein Projekt der Energie- und Umweltagentur Niederösterreich. Für interessierte Unternehmen besteht ein umfassendes Angebot in Form von Beratung, Erarbeitung eines Konzeptes und Unterstützung bei dessen Umsetzung. Zudem wird mit Kostenersparnis durch naturnahe Gestaltung geworben. Bisher wurde ein Areal nach den folgenden Kriterien gestaltet:

- Versiegelung minimieren
- Regenwasser zurückhalten
- nährstoffarme Standorte schaffen
- heimische und standortgerechte Pflanzen verwenden
- auf Dünger und Pestizide verzichten
- auf Vielfalt achten
- Spielraum für „ungepflegte" Ecken lassen
- Natur- und umweltbewusstes Handeln kommunizieren und präsentieren

(NATURLAND NIEDERÖSTERREICH: 2013)

In Norddeutschland richtete die Stiftung *Die Grüne Stadt* seit 2002 mehrmals den Wettbewerb *FirmenGärten* aus. Die ökologischen Aspekte stehen hier nicht so sehr im Vordergrund, wie bei den vorherigen Projekten. Ziel ist es nicht unbedingt ökologisch wertvolle Flächen zu schaffen, sondern eher Gärten, die bestimmten Kriterien gerecht werden. Bewertet werden die Gärten dann in folgenden Kategorien:

- Gestaltung und Nutzung: anhand der Verwendung von Materialien, Pflanzen, Elemente, Anordnung und Dimension mit vielfältigen Aufenthalts- und Nutzungsfunktionen
- Soziale Bedeutung: Treffpunkte, Rückzugsgebiete
- Ökologische Wirkung: Außenanlagen als Lebensräume, Futterquellen und Nistgelegenheiten, Ausgleichsfunktionen

(DIE GRÜNE STADT: 2011)

Eine internationale Kampagne, die in verschiedenen europäischen Ländern tätig ist, ist die „Buisness & Biodiversity Campaign". Ziel der Kampagne ist es aufzuzeigen, wie „Unternehmen nachhaltiges Biodiversitätsmanagement in ihre Strategien integrieren und damit dem Artensterben und dem Raubbau an der Natur entgegen wirken können" (B&B CAMPAIGN: 2014). Unter anderem soll dieses Ziel auch durch die naturnahe Gestaltung von Unternehmensarealen verfolgt werden. Im Rahmen dieser Kampagne wurde 2013 durch verschiedene Organisationen (u.a. die oben erwähnte Bodenseestiftung) das Projekt „naturnahe Firmengelände" ins Leben gerufen. Durch dieses Projekt sollen mindestens 20 Unternehmen bezüglich ihrer Potentiale der naturnahen Gestaltung beraten werden und 8 bis 10 Unternehmen bei der konkreten Planung der naturnahen Gestaltung ihrer Flächen unterstützt werden (NATURNAHE FIRMENGELÄNDE: 2014). Spezielle Kriterien oder näher konkretisierte Ziele werden auf der Internetseite des Projektes nicht erwähnt.

Bei der genauen Betrachtung der Kriterien fällt auf, dass keiner der Ansätze die *lokalen* Schwerpunkte des Naturschutzes einschließt. Vielmehr gewinnt man den Eindruck, dass bei den konkreter formulierten Aufwertungskriterien der Bedarf an bestimmten Strukturen auf höherer administrativer Ebene ausschlaggebend war. Als Beispiele sind hier etwa die Förderung nährstoffarmer Standorte sowie der Verzicht auf Dünger oder die Extensivierung der Rasenflächen durch Reduktion der Schnitte zu nennen. Zudem finden sich in allen Konzepten sinnvolle, jedoch ungenau formulierte Kriterien, wie „Auf Vielfalt achten", „Sicherung vielfältiger Lebensräume",

„Außenanlagen als Lebensräume Futterquellen und Nistgelegenheiten" oder „wo immer möglich, werden aktiv Lebensräume für Wildtiere geschaffen". Natürlich sollen derartig formulierte Kriterien eine möglichst breite Anwendbarkeit gewährleisten. Ich bin jedoch der Meinung, dass es essentiell ist, konkrete Vorschläge anzugeben und zugleich die Listen um eine lokale Komponente zu erweitern. Insbesondere der zweite Punkt ist wichtig, denn die konkreteren Ausformulierungen der einzelnen Kriterien umfassen in vielen Fällen detaillierte Maßnahmenvorschläge, deren Sinnhaftigkeit keinesfalls an jedem Standort gegeben ist. So finden sich etwa in den Maßnahmenvorschlägen der *Stiftung Natur und Wirtschaft* oder des niederösterreichischen Projektes *Natur im Betrieb* verschiedene Gestaltungshinweise, die sich auf konkrete Artengruppen oder Lebensraumtypen beziehen, wie etwa Maßnahmen für Fledermäuse, Reptilien oder Amphibien. Diese Angaben sind zwar konkret, jedoch haben sie keinen lokalen Bezug weshalb sie unter Umständen nicht zielführend sind. Soll eine Artengruppe jedoch tatsächlich gefördert werden, ist es sinnvoll zunächst abzuklären, ob diese am fraglichen Standort überhaupt zu erwarten ist. Wenn das der Fall ist, muss geklärt werden, um welche Art oder Arten es sich handelt und was deren spezifische Ansprüche sind. Durch das Einbeziehen lokaler Naturschutzziele könnte somit verhindert werden, dass eine womöglich kostspielige Umgestaltung eines Areals das angestrebte Aufwertungsziel verfehlt. Das Ziel dieser Arbeit ist, es diese Lücke zu schließen und damit eine zielorientierte und im lokalen Kontext sinnvolle naturschutzfachliche Aufwertung zu ermöglichen.

Ein Ansatz, der das Thema der Standortgerechtigkeit aufgreift, ist der 2006 erschienene Leitfaden „Wege zur Natur im Betrieb" des Landes Oberösterreich. Darin werden „zwölf Bausteine für eine naturnahe Gestaltung" von Gewerbeflächen beschrieben: Einheimische Gehölze, naturnaher Eingangsbereich, Nisthilfen, Hecken mit einheimischen Sträuchern, Aufenthaltsbereiche, Dachbegrünung, Steinmauern und Böschungen, Restflächen für die Natur, Fassadenbegrünungen, lebendige Verkehrsflächen, Versickerungsmulden und insektenfreundliche Beleuchtung werden hier genannt. Es wird jedoch darauf hingewiesen, dass kein Areal dem anderen gleicht und eine individuelle Planung von Aufwertungsmaßnahmen nötig ist. Zusätzlich werden im Anhang umfassende Empfehlungen für die standortsgerechte Bepflanzung in den jeweiligen naturräumlichen Untereinheiten Oberösterreichs gegeben. In einem Gestaltungsbeispiel im Anhang wird sogar erwähnt, dass in der betreffenden Region der Neuntöter als Zielart in Frage kommt (LAND OBERÖSTERREICH: 2006). Von allen gesichteten Ansätzen greift dieser Leitfaden den Aspekt der standortsgemäßen Aufwertung am besten auf. Jedoch wird auch hier keine Empfehlung ausgesprochen, sich in der Planung an den lokalen Zielen des Naturschutzes zu orientieren.

Den Ansatz, lokal auftretende geschützte Arten grundsätzlich als Zielarten für die Aufwertung eines Areals einzusetzen, verfolgt derzeit kein Projekt. Im Rahmen dieser Arbeit bin ich jedoch auf einzelne Beispiele für Areale gestoßen, auf denen bereits geschützte Arten auftraten, die anschließend als Zielarten bewusst gefördert wurden. Dieser Umstand verdeutlicht, dass die Förderung geschützter Arten auf Unternehmensarealen möglich ist und auch in der Praxis zur Anwendung kommt.

Das einzige dieser Projekte, über das im Internet Informationen verfügbar sind, wird derzeit im schleswig-holsteinischen Landkreis Rendsburg umgesetzt. Auf dem Gelände eines Abfallrecyclingunternehmens treten einige gefährdete Pflanzen- und Tierarten auf. Neben ruderalen und segetalen[7] Arten sind dies auch Arten des feuchten und des mageren Grünlands. Auf Vermittlung

---

[7] Ruderalvegetation bezeichnet die an anthropogen überformten Standorten spontan auftretenden Pflanzen. Segetalvegetation sind analog dazu auf bewirtschafteten Äckern spontan auftretende Pflanzen („Ackerunkräuter). (MEYER ET AL.: 2013; 10)

des Landesamtes für Landwirtschaft, Umwelt und ländliche Räume hat die Artenagentur, eine Organisation, die mit der Umsetzung und Koordination des Artenhilfsprogramms betraut ist, eine Projekt- und Pflegeskizze erstellt. Darin werden zwei Zielarten genannt, die in Schleswig Holstein Rote-Liste Arten sind (Neuntöter, Deutsches Filzkraut). Es ist nun geplant, eine mittelfristig ungenutzte Teilfläche des Betriebsgeländes für Naturschutzmaßnahmen zur Verfügung zu stellen. Diese Maßnahmen zielen in erster Linie auf die Erhaltung und die Entwicklung von artenreichen Mager- und Feuchtgrünlandflächen als Lebensraum für die Zielarten ab. Weiter sollen die Flächen mit Segetal- und Ruderalflora, Flächen für die Vermehrung gefährdeter Arten sowie eine Bienenweide erhalten bzw. entwickelt werden. Zusätzlich ist geplant, eine nicht mehr genutzte Mülldeponie in der Umgebung nach diesen Maßstäben zu rekultivieren. (ARTENAGENTUR-SH: 2014)

Zusätzlich ist anzumerken, dass im Bereich der Renaturierung von Berg- und Tagebaufolgeflächen meist Zielarten eingesetzt werden (ZERBE et al.: 2009; 368 f.). Hierbei handelt es sich zwar unter Umständen auch um in Betrieb befindliche Areale, jedoch sind die Bereiche, in denen Maßnahmen umgesetzt werden, zwangsläufig ungenutzt.

2.2 Das Thema der Arbeit im Kontext der Renaturierungsökologie

Die Arbeit ist im weiteren Sinne dem Themenfeld der Renaturierungsökologie zuzuordnen. Diese erforscht die umweltwissenschaftlichen- und ökologischen Methoden, die nötig sind, um ein vom Menschen gestörtes Ökosystem oder dessen Funktionen wieder in einen ähnlichen Zustand zu versetzen, wie er vor der Störung bestand (SMITH & SMITH: 2009; 847 f.). Im Themenfeld der Renaturierungsökologie bestehen derzeit zahlreiche Konzepte und Ansätze, die mein Vorhaben mehr oder weniger gut beschreiben. Nach ZERBE et al. (2009; 3) ist eine *Rehabilitation* die Wiederherstellung bestimmter Ökosystemfunktionen bzw. -dienstleistungen gemäß einem historischen Referenzzustand. Unter *Revitalisierung* wird die „Wiederherstellung von erwünschten abiotischen Umweltbedingungen als Voraussetzung für die Ansiedlung von standorttypischen Lebensgemeinschaften" verstanden (ZERBE et al.: 2009; 3). Etwas weiter gefasst ist der Begriff der *Sanierung* (ZERBE et al.: 2009; 4). Dieser bezeichnet die „aktive Wiederherstellung eines erwünschten Zustandes" (ZERBE et al.: 2009; 4). Keiner dieser Begriffe beschreibt jedoch mein Ziel genau. Mein Vorhaben bezieht sich nicht vorrangig auf einen historischen Zustand, es wäre jedoch denkbar, diesen in Einzelfällen miteinzubeziehen, sofern die Wiederherstellung eines solchen Zustandes ein lokales Entwicklungsziel des Naturschutzes darstellt (z. B. Areale in ehemaligen Auwaldgebieten). Zudem würde der Ansatz der *Revitalisierung* zu weit greifen; das jeweilige Areal soll schließlich nicht unbedingt in ein hochwertiges Schutzgebiet verwandelt werden, sondern lediglich aufgewertet werden. Somit könnten aufgewertete Areale vorhandene Schutzgebiete ggf. durch bestimmte ähnliche Habitatmerkmale[8] ergänzen (z. B. moortypische Vegetation auf einem Areal in dessen Nähe ein geschütztes Moorgebiet liegt). Auch geht es mir nicht zwangsläufig um die *Wieder*herstellung eines bestimmten Zustandes, sondern um die allgemeine Verbesserung des Zustandes im Hinblick auf lokale Schutzziele. Zum gegenwärtigen Zeitpunkt werde ich darum vorläufig eine eigene Definition meines Zieles treffen. Dieses ist es die Habitatfunktionen für bestimmte, in der Umgebung auftretende und gefährdete Arten zu verbessern. Die dazu notwendigen Maßnahmen werden in Form von räumlich grob skizzierten Vorschlägen als Ergebnis der Arbeit hervorgehen. So kann das jeweilige Areal entsprechend der Ausgangssituation, der zur Verfügung stehenden Mittel und der

---

[8] „Habitat" ist der Ort, an dem ein Organismus lebt (TOWNSEND, ET AL.: 2003; 134).

Ansprüche der EigentümerInnen in einen, im Hinblick auf lokale Schutzziele, verbesserten Zustand versetzt werden. Durch die eher grobe und mittelbare Zieldefinition wird das Unterfangen nicht schon durch die Begriffswahl an einen vordefinierten Zielzustand gekoppelt, der sich im Einzelfall als nicht erreichbar erweisen könnte.

2.3 Urban-industrielle Landschaften in der Renaturierungsökologie

Die Renaturierungsökologie ist eine relativ junge wissenschaftliche Disziplin, die sich in Mitteleuropa etwa ab den 1980er Jahren entwickelte. Anfangs waren vor allem Fließgewässer- und Moorrenaturierungen Schwerpunkt des Arbeitsfeldes. Etwa Anfang der 1990er Jahre rückte auch die Renaturierung land- und forstwirtschaftlicher Nutzflächen in den Fokus der Disziplin. Die wissenschaftliche Arbeit zur Renaturierung stark gestörter Gebiete, zu denen neben urban-industriellen Ökosystemen auch Bergbaufolgelandschaften oder Truppenübungsplätze zählen, wird etwa seit der Jahrtausendwende verstärkt betrieben (ZERBE et al.: 2009; 2).

Gegenwärtig lassen sich für urban-industriell geprägte Gebiete in Mitteleuropa in erster Linie zwei gegenläufige Trends ausmachen, denen mit renaturierungsökologischen Ansätzen begegnet werden kann. Dies sind auf der einen Seite die Schrumpfung altindustrieller Regionen, die mit Abwanderung der Bevölkerung und Brachfallen von vormals genutzten Flächen verbunden ist (z. B. Rhein-Ruhr). Auf der anderen Seite findet in den wirtschaftlich florierenden Regionen, hier sind insbesondere die Zentren der Großstädte zu nennen, nach wie vor eine zunehmende Verdichtung und Versiegelung statt (REBELE: 2009; 393).

Zur Minimierung der negativen Effekte des anhaltend hohen Flächenverbrauches (vgl. 2.4) an den Schwerpunkten wirtschaftlicher Wertschöpfung ist es notwendig, Maßnahmen zum Flächenrecycling und zur Renaturierung zu ergreifen. Jedoch sind bei Maßnahmen an urban-industriellen Standorten einige Besonderheiten zu beachten (REBELE: 2009; 393).
Ein wesentlicher Unterschied zu Maßnahmen in der „freien Landschaft" ist, dass in urban-industriellen Ballungsräumen die ursprünglichen Ökosysteme häufig nicht wieder hergestellt werden können, da sie zu stark verändert wurden oder die anhaltende Störung eine erneute Etablierung dieser Ökosysteme ausschließt. In manchen Fällen sind auch die vom Menschen geschaffenen Habitate in ihrer vorliegenden Form zur Erhaltung der Biodiversität von Bedeutung.
Darum besteht das Entwicklungsziel bei renaturierungsökologischen Maßnahmen in urban-industriellen Landschaften, anders als in der „freien Landschaft", meist nicht in der Wiederherstellung oder Regeneration von Ökosystemen. In der Regel zielen derartige Maßnahmen in diesen Gebieten darauf ab, stark gestörte Ökosysteme in einen naturnäheren Zustand zu bringen oder Habitate mit natürlicher oder naturnaher Entwicklung zu schaffen. Grundsätzlich ist es möglich, sämtliche Typen urban-industrieller Ökosysteme (vgl. 2) zu renaturieren. Einfache Beispiele, die immer häufiger zur Anwendung kommen, sind etwa Entsiegelung, Hofbegrünung, Fassaden- und Dachbegrünung, naturnahes Gärtnern, Tolerierung von Wildnis in Parkanalagen oder Umwandlung von Zierrasen in Wiesen (REBELE: 2009; 393).

Im Wesentlichen lassen sich die Renaturierungsziele bei urban-industriellen Ökosystemen drei Schwerpunktklassen zuordnen:
- Boden-, Grundwasser-, Gewässer- und Klimaschutz
- Entwicklung abwechslungsreicher Erholungslandschaften
- Erhaltung und Förderung von Biodiversität

Entsprechend der örtlichen Gegebenheiten lassen sich diese Zielschwerpunkte jedoch auch zu einem gewissen Ausmaß vereinen (REBELE: 2009; 393 f.).

Die Erhaltung und Förderung der Biodiversität, die auch bei meiner Arbeit das Entwicklungsziel darstellt, geschieht durch die Erhaltung oder Schaffung von spezifischen Habitaten für Tiere, Pflanzen oder Pflanzengesellschaften[9] (REBELE: 2009; 396).

2.4 Flächenanteil urban-industrieller Gebiete in Bayern

Südbayern und hier insbesondere der Großraum München stellen eines der wenigen Gebiete Deutschlands dar, in denen nach wie vor ein Bevölkerungswachstum zu verzeichnen ist und auch für die Zukunft prognostiziert wird (BAYERISCHES LANDESAMT FÜR STATISTIK UND DATENVERARBEITUNG: 2011). Damit einhergehend steigen auch Flächenverbrauch und Versiegelung weiter an (AUBRECHT & PETZ: 2001; 24). 2012 wurden in Bayern täglich 17 ha in Siedlungs- und Verkehrsflächen umgewandelt (STMUG: 2012). Siedlungs- und Verkehrsflächen machten zum 31.12.2012 11,5% der bayerischen Landesfläche aus, von denen 47,2 % tatsächlich versiegelt sind (LFU: 2013). Die restliche Landesfläche ist in 35,1% Waldfläche, 49,2% Landwirtschaftsfläche, 0,2% Abbauland und 4% Sonstige unterteilt (BAYERISCHES LANDESAMT FÜR STATISTIK UND DATENVERARBEITUNG: 2013). Siedlungs- und Verkehrsflächen wiederum unterteilen sich in Gebäude und Freiflächen zum Wohnen (24%), Gebäude und Freiflächen für Gewerbe und Industrie (5,3%) Verkehrsflächen (41,9%), Erholungsflächen (4,8%) und Betriebsflächen (1,5%). Die restlichen 20,5 % entfallen auf Gebäude- und Freifläche für öffentliche Zwecke, Gebäude- und Freifläche für Handel und Dienstleistungen, Gebäude- und Freifläche für Mischnutzung mit Wohnen, Gebäude- und Freifläche zu Verkehrsanlagen, Gebäude- und Freifläche zu Versorgungsanlagen, Gebäude- und Freifläche zu Entsorgungsanlagen, Gebäude- und Freifläche für Land- und Forstwirtschaft, Gebäude- und Freifläche für Erholung, ungenutzte Gebäude- und Freiflächen sowie sonstige Gebäude- und Freifläche (Der prozentuale Anteil dieser Flächen ist im Bericht nicht erwähnt) (BAYERISCHES LANDESAMT FÜR STATISTIK UND DATENVERARBEITUNG: 2013). Sämtliche der erwähnten Flächentypen, mit Ausnahme der Landwirtschaftsflächen, nahmen im Jahr 2012 bezogen auf den Wert von 2011 zu. Am stärksten war die Zunahme mit knapp 1,3% bei den Betriebsflächen und 1,9% bei den Gebäuden und Freiflächen für Gewerbe und Industrie (BAYERISCHES LANDESAMT FÜR STATISTIK UND DATENVERARBEITUNG: 2013). Die im Rahmen dieser Arbeit relevanten und durch Prozentangaben belegten Flächentypen (Betriebsflächen und Gebäude und Freiflächen für Gewerbe und Industrie) machen Insgesamt knapp 0,8 % der bayerischen Landesfläche aus. Schließt man die relevanten Flächentypen ein, für die keine konkreten Prozentangaben verfügbar sind, wie beispielsweise Gebäude und Freiflächen für Handel und Dienstleistungen, ist ein Anteil von etwa 3% der bayerischen Landesfläche als realistisch anzusehen.
In Relation zu den gut 5,1 % der Landesfläche die derzeit (Stand 31.12.2011) als strenge Schutzgebiete (Naturschutzgebiete, Nationalparke, UNESCO Biosphärenreservate) ausgewiesen sind (LFU: 2012) wird die Bedeutung und das Potential dieser Flächen deutlich. Die Tatsache, dass sie obendrein die am stärksten zunehmenden Flächentypen sind, unterstreicht den Bedarf, sie in einer Form zu gestalten, die ihren Anteil an der Lebensraumvernichtung zumindest ansatzweise kompensiert.

---

[9] Eine Pflanzengesellschaft ist ein Vegetationskomplex mit bestimmter Artenzusammensetzung. Diese wird durch Standortfaktoren und die Konkurrenzfähigkeit der Arten bestimmt (ULRICH & KLUGE: 2012, 464).

2.5 Abiotische Eigenschaften urban-industrieller Ökosysteme

Urban-industrielle Landschaften zeichnen sich häufig durch den kleinsträumigen Wechsel verschiedener Standortbedingungen aus. Nicht zuletzt die verschiedenen Nutzungsgeschichten der einzelnen Standorte bedingen, dass Städte oft ein Mosaik aus verschiedenen, klar abgrenzbaren Biotopen[10] sind. Das besondere an diesen Standorten ist, sie vielfach nicht nur anthropogen überformt, sondern anthropogen entstanden sind (REBELE: 2009; 389). In diesem Abschnitt werden die besonderen Standortbedingungen urban-industrieller Flächen, unterteilt in Klima, Böden und Wasserhaushalt dargestellt.

2.5.1 Klima

An urban-industriellen Standorten bestehen besondere meso- und mikroklimatische Bedingungen. Die Temperaturen sind hier im Durchschnitt höher, als im Umland. Im Hinblick auf Industriestandorte ist insbesondere die Bedeutung kleinräumiger Temperaturunterschiede zu beachten. Offene, besonnte Flächen, insbesondere mit dunkler Oberfläche (z. B. Parkplätze) können sich stark aufheizen und Wärme in die Umgebung abstrahlen, wohingegen Baumgruppen oder Waldflächen eine kühlende Wirkung haben (REBELE: 2009; 392).

Weiter zeichnen sich urban-Industrielle Standorte durch eine veränderte Strahlungs-und Energiebilanz aus. Ausschlaggebend sind hier die Veränderung der an den Boden gelangenden Globalstrahlung durch die „städtische Dunstglocke, die Albedo der Gebäude und Flächen sowie verschiedene Verbrennungsprozesse und Wärmeströmungen (SUKOPP & WITTIG: 1993; 131). Auch bezüglich der Luftfeuchtigkeit und der Niederschlagssumme besteht ein Unterschied zwischen Stadt und Umland. Der Unterschied der Luftfeuchtigkeit ist vor allem durch eine veränderte Effektivität und räumliche Verteilung von Wasserdampfquellen und –senken begründet. Atmosphärisch wirksame Wasserdampfquellen sind in Städten beispielsweise die Freisetzung von Wasserdampf bei Verbrennungsprozessen, künstliche Wasserzufuhr (Trink und Brauchwasser), die geringere Taubildung durch erhöhte Temperaturwerte oder die möglicherweise erhöhte Niederschlagssumme. Eine Senkung des atmosphärischen Wasserdampfes bewirken die eingeschränkte Versickerung, der schnellere Abfluss von Niederschlagswasser und die Reduktion der Evapotranspirationsfläche (SUKOPP & WITTIG: 1993; 144 f.). Über die veränderte Niederschlagssumme in Stadtgebieten liegen verschiedene, teils widersprüchliche Ergebnisse vor. Als wahrscheinlich gilt jedoch, dass insbesondere im Lee von Städten eine um 11 bis 13% erhöhte Niederschlagssumme aufkommt, eine erhöhte Anzahl von Gewittern in der warmen Jahreszeit auftritt und die maximal mögliche tägliche Niederschlagssumme erhöht ist. Eine positive Veränderung der Niederschläge wird insbesondere bei sommerlichen Strahlungswetterlagen beobachtet. Dies lässt sich vor allem durch die überwärmungsbedingten Konvektionsprozesse, die eine erhöhte Wolkenbildung bewirken, begründen. Bei windstarken Wetterlagen bewirkt die größere Oberflächenrauhigkeit eine stärkere thermische und mechanische Turbulenz, die ihrerseits die Entstehung von Konfluenzzonen und damit eine verstärkte Wolkenbildung auslösen. Weiter können Staueffekte am Übergang zwischen Stadt und Umland zu einem Aufsteigen anströmender Luft und damit zu Wolkenbildung führen. Zuletzt können die durch verstärkte Luftverunreinigung in Stadtgebieten konzentrierteren Aerosole als Kondensationskerne wirken (SUKOPP & WITTIG: 1993; 146 f.).

---

[10] Ein Biotop ist derLebensraum einer bestimmten Biozönose. Im Zusammenhang mit Pflanzen wird hier oft der Begriff „Standort" verwendet. Ein Biotop/Standort ist durch eine bestimmte Konstellation äußerer Faktoren gekennzeichnet (LÜTTGE & KLUGE: 2012; 464).

2.5.2 Böden

Grundsätzlich sind die Stadtböden so heterogen wie die Städte selber. Angefangen bei den jeweiligen Böden, auf denen Stadtgründungen erfolgten (z. B. Sumpf-, Auen- oder Moorböden) (SUKOPP & WITTIG: 1993; 169), prägten verschiedene Nutzungsgeschichten den Aufbau der Substrate. Es lassen sich jedoch einige Gemeinsamkeiten dieser Böden identifizieren: So sind die Böden von urban-industriellen Standorten oft dichter, trockener, wärmer, weniger sauer, nährstoffreicher, aber auch schadstoffreicher als natürliche Böden an Referenzstandorten (REBELE: 2009; 389 f.).

Industrieflächen zeichnen sich meist durch Auftragsböden aus zahlreichen Schichten verschiedener Substrate aus. Im Falle von Abbauflächen sind freigelegte Gesteine das bezeichnende Merkmal. Grundsätzlich unterscheidet man zwischen Böden aus umgelagerten natürlichen Bodensubstraten (z. B. Kies, Schotter, Lehm), Böden aus technogenen Substraten (z. B. Klärschlamm, Müll, Bauschutt) oder aus Gemengen natürlicher und technogener Substrate (z. B. Lehm-Bauschutt Gemenge) (REBELE: 2009; 389 f.).

Städtische Böden und hier insbesondere die Böden von Industriearealen zeichnen sich durch einen im Vergleich zum Umland erhöhten Anteil potentiell giftiger Bestandteile, wie Kupfer, Blei, Zink oder Bor, aus. Während diese Schadstoffe auf gärtnerisch oder landwirtschaftlich genutzten Flächen etwa durch Düngung mit Asche oder Klärschlamm mehr oder weniger bewusst eingetragen wurden, sind sie an den übrigen urban-industriellen Standorten auf äolische Einträge zurückzuführen (GILBERT & KRÜGER: 1994; 39). Zusätzlich stammt ein bedeutender Anteil der Schadstoffe in heutigen urbanen Böden aus Zeiten der ungeregelten Abfallentsorgung. Beispiele sind Verbrennungsrückstände aus Heizungen, Fäkalien und müllartige Abfälle, die in oder auf den umliegenden Böden entsorgt wurden. Auf Industrie und Gewerbeflächen sind zusätzlich produktionsspezifische Abfallstoffe bzw. Verunreinigungen durch Leckagen und Unfälle zu beachten. Nährstoffeinträge aus den genannten Quellen sowie aus Urin, Hundekot oder Abfällen können zeitverzögert über Fugen oder Freiflächen in die Böden gelangen. Auch die Intensität des Nährstoffeintrages zeichnet sich durch eine große Heterogenität aus. Die Belastung ist meist punktuell im großen Ausmaß auftretend (WESSOLEK ET AL.: 2009; 4).

Eine weitere Besonderheit urban-industrieller Böden ist der im Vergleich zum Umland häufig erhöhte pH-Wert. Dieser ist einerseits auf Bewässerung mit kalkhaltigem Wasser und andererseits auf Streuung von Natrium- und Kalziumchlorid im Winter zurückzuführen. Zusätzlich sind Baumaterialien häufig kalkhaltig. Punktuell können jedoch auch bodensaure Standorte bestehen. Diese sind zumeist auf Brände oder Ablagerung von Industrieasche zurückzuführen (GILBERT & KRÜGER: 1994; 38).

2.5.3 Wasserhaushalt

Der städtische Wasserhaushalt zeichnet sich vor allem durch einen schnellen Abfluss von Oberflächenwasser aus. Dies wird auf der einen Seite durch hohe Versiegelung und auf der anderen Seite durch drainierung bedingt. Durch das schnellere Abfließen des Wassers neigt der Boden dazu, bei Niederschlagsarmut schneller auszutrocknen als im Umland. Darüber hinaus fördert ein erhöhter Oberflächenabfluss Hochwasserspitzen und führt zu einer stärkeren Nähr- und Schadstoffbelastung der Gewässer, da das Wasser vielfach ungefiltert in die Vorfluter gelangt. Darüber hinaus besteht eine verringerte Evapotranspiration (SUKOPP & WITTIG: 1993; 187). Lange wurde angenommen, dass in Städten eine geringere Versickerung und damit eine verringerte Grundwasserneubildung bestehen. Neuere Erkenntnisse stehen jedoch im Widerspruch zu diesen Annahmen. Demzufolge entspricht die

Versickerungsleistung städtischer Böden annähernd der von „natürlichen" Böden. Demzufolge werde die verringerte Durchlässigkeit der Böden durch die Herabsetzung der Evapotranspiration im bebauten Gebiet kompensiert (WESSOLEK ET AL.: 2009; 3). Dies bedeutet, dass Wasser langsamer verdunstet wird und damit über einen längeren Zeitraum versickern kann.

2.6 Besonderheiten der Flora urban-industrieller Ökosysteme

Die speziellen abiotischen Standortbedingungen an urban-industriellen Standorten bedingen auch einige Besonderheiten in der Ausprägung der Flora[11]. Insbesondere die große ökologische Nischenvielfalt in Städten bedingt häufig eine im Vergleich zum Umland erhöhte Artenvielfalt. Natürlich muss dabei bedacht werden, dass die Grenzen zwischen Stadt- und Umlandökosystemen fließend sind. Dadurch werden auch Bereiche, die land- und forstwirtschaftlich geprägt sind, sich jedoch innerhalb administrativer Stadtgrenzen befinden, häufig in stadtökologische Untersuchungen mit einbezogen (KOWARIK: 1992; 33).

MÜLLER (1990; 32 ff.) unterscheidet bei der Flora urban-industrieller Standorte grundsätzlich zwischen naturnaher, angepflanzter und siedlungsspezifischer Vegetation. Von naturnaher Vegetation sind in Städten meist nur noch Reste vorhanden. Diese finden sich häufig entlang von Flüssen, in alten Parks oder in Bereichen, die aufgrund bestimmter Eigenschaften (z. B. ungünstiges Relief) einem geringem anthropogenem Einfluss ausgesetzt sind (MÜLLER: 1990; 32). Als „angepflanzte Vegetation" wird die Flora bezeichnet, die ihre Standorte im urbanen Raum nur durch menschliche Unterstützung erreichen konnte und halten kann. Schon immer wurde in Städten verstärkt auch standortsfremde Vegetation angepflanzt, die jedoch zumeist ohne menschliche Pflege nicht konkurrenzfähig[12] wäre. Einige Arten wurden jedoch als Archäo- und Neophyten[13] Teil der heimischen Pflanzengesellschaften (MÜLLER: 1990; 36). Als „siedlungsspezifisch" wird spontane Vegetation bezeichnet, die im Umland fehlt oder seltener ist (MÜLLER: 1990; 33). Grundsätzlich lassen sich einige Eigenschaften von Pflanzen identifizieren, die deren Auftreten an urban-industriellen Standorten begünstigen:

- Anpassung an nährstoffreiche Standorte
- Anpassung an regelmäßige Störungen (z. B. Tritt, Schadstoffe)
- Anpassung an nicht festgelegte Substrate (Geröll, Sand, etc.)
- teilweise Anpassung an Fels- und Trockenstandorte
- Anpassung an wärmere Standorte
  (WITTIG: 1998; 225).

Folglich treten in Städten vor allem Arten auf, die auch im Umland an Standorten mit den genannten Eigenschaften vorkommen. Dies sind etwa Flussläufe, Windwürfe, Brandflächen, Tierbauten, Wildwechsel oder Felsen (WITTIG: 1998; 225). Zusätzlich begünstigt der Effekt der städtischen Wärmeinsel, dass in Städten wärmeliebende Arten (in der Regel Neophyten) auftreten, die im Umland nicht überlebensfähig wären (ERZ & KLAUSNITZER: 1998; 289).

---

[11] Als „Flora" bezeichnet man den Gesamtbestand an Pflanzensippen eines bestimmten Gebietes, (DENFER ET AL. : 1978; 856).

[12] „Konkurrenz" ist der Wettbewerb zweier oder mehrerer Individuen oder Populationen um begrenzt verfügbare Ressourcen, der zur ein- oder wechselseitigen negativen Beeinflussung der beteiligten Organismen führt (MARTIN & ALLGAIER: 2011; 6)

[13] Als „Neophyten" bezeichnet man Pflanzenarten, die sich nach 1492 in einem neuen Gebiet etabliert haben, als „Archeophyten" werden Pflanzenarten bezeichnet, bei denen dies vor 1492 geschah (DENFER ET AL. : 1978; 964).

Aus der Gesamtheit der genannten Faktoren und vorteilhaften Eigenschaften ergibt es sich, dass bestimmte spontane Vegetationsgesellschaften in mitteleuropäischen Städten besonders häufig auftreten. Einige wichtige sind: Trittgesellschaften, Parkrasen, Parkwiesen, Saumgesellschaften, Ruderalvegetation, ruderale Gebüsche und Wälder sowie Mauerritzenvegetation (MÜLLER: 1990; 33).

2.7 Besonderheiten der Fauna urban-industrieller Ökosysteme

Mit dem Beginn der Sesshaftigkeit des Menschen begannen bestimmte Tierarten, verstärkt dessen Nähe zu suchen, da sie von seiner Lebensweise profitieren konnten. Mit dem Entstehen der ersten Städte bildete sich zunehmend eine „Anthropozönose". Parasiten konnten sich hier, aufgrund der höheren menschlichen Populationsdichte, leichter behaupten. Durch das Anlegen von Vorräten wurden Nahrungsressourcen konzentriert, worauf sich zunehmend Arten spezialisierten und so zu Vorratsschädlingen wurden (ERZ & KLAUSNITZER: 1998; 267, 268). Beispiele für frühe Kulturfolger sind etwa der Menschenfloh (*Pulex irritans)* oder der Kornkäfer (*Sitophilus granarius*) (ERZ & KLAUSNITZER: 1998; 269). Die hohe Nischenvielfalt in Städten zieht auch bei der Fauna eine im Vergleich zum Umland höhere Artenvielfalt nach sich. Jedoch sind für Etablierung von Tieren in Städten folgende Eigenschaften, je nach den individuellen Bedingungen vor Ort mehr oder weniger, wichtig:

- geringe Fluchtdistanz
- keine Bindung an offene Flächen
- Verhalten an strukturiertes Gelände angepasst (z. B. Felsen-/Höhlenbewohner)
- Nahrungsansprüchen ähnlich des Menschen oder Spezialisierung auf bestimmte Nahrungsmittel
- frühe Geschlechtsreife, hohe Reproduktionsrate
- möglichst geringe Körpergröße
- keine oder unbedeutende Konkurrenz/Belästigung des Menschen
- nicht auf hohe Luft-/Bodenfeuchtigkeit angewiesen
- nicht auf (saubere) Gewässer angewiesen
- unempfindlich gegen Immissionen
  (ERZ & KLAUSNITZER: 1998; 283)

Darüber hinaus lassen sich für Vögel und Säugetiere typische Anpassungen an das Leben in der Stadt beobachten, die bei Populationen derselben Art in der freien Landschaft nicht typisch sind (ERZ & KLAUSNITZER: 1998; 280): Die Vertrautheit und Zahmheit nimmt zu. Die Flucht- bzw. Toleranzdistanzen nehmen ab, bis hin zur Toleranz von direktem Körperkontakt. Beispiele sind etwa Vögel, die sich auf Menschen niederlassen, um Futter zu erbetteln. In diesem Kontext lässt sich auch eine teilweise Umstellung der Nahrungsökologie beobachten. Ein Beispiel hierfür ist etwa der Höckerschwan (*Cygnus olor*) oder andere Wasservögel, die sich natürlicherweise von Wasserpflanzen und Kleinstlebewesen im Wasser ernähren, jedoch auch von Menschen ausgebrachtes Brot zu sich nehmen (ERZ & KLAUSNITZER: 1998; 280). Bei Vögeln und teilweise auch Säugetieren ist häufig eine Umstellung der Nistweise festzustellen: Bauwerke und andere technische Einrichtungen werden als Brut oder Nistplatz verwendet. Außerdem neigen Manche Vogelarten dazu, Nester in höherer Lage, als außerhalb der Stadt anzubringen (ERZ & KLAUSNITZER: 1998; 280/282). Vögel in Städten haben grundsätzlich einen verlängerten tageszeitlichen Rhythmus. Die Tiere beginnen früher mit ihrer Aktivität (Gesang, Futtersuche, etc.) und enden später damit. An entsprechend beleuchteten Orten werden die Aktivitäten unter Umständen auch bis in die Nacht hinein fortgesetzt. Eine Reihe von

Anpassungen geht auf die günstigeren Lebensumstände für Tiere in Städten zurück (z. B. Nahrungsangebot, Temperatur, etc. ; vgl. 5., 6.1): Vögel und Säugetiere haben in Städten eine höhere Populationsdichte, eine längere Fortpflanzungsperiode, eine verlängerte mittlere Lebensdauer und Vögel teilweise ein reduziertes Zugverhalten (ERZ & KLAUSNITZER: 1998; 282).

ERZ und KLAUSNITZER (1998; 278/279) unterteilen die Fauna in Anlehnung an WITTIG (1985) entsprechend der Vereinbarkeit ihrer Bedürfnisse mit dem städtischen Lebensraum in fünf Klassen:

- extrem urbanophobe Fauna, die den Stadtbereich in der Regel meidet, wie den Dachs *(Meles meles)* oder den Goldregenpfeifer *(Pluvialis apricaria)* (ERZ & KLAUSNITZER: 1998; 278).

- mäßig urbanophobe Fauna, die ihren Verbreitungsschwerpunkt außerhalb der Stadt hat und lediglich in naturnahen Habitaten auftritt, wie das Reh (*Capreolus capreolus*). Einige mäßig urbanophobe Arten kommen zusätzlich in stärker anthropogen beeinflussten Habitaten wie Parks oder Ruderalflächen vor. Beispiele sind hier der Rotfuchs (*Vulpes vulpes*) oder der Fasane (*Phasanius spec.)* (ERZ & KLAUSNITZER: 1998; 278).

- urbanoneutrale Arten, die sowohl innerhalb, als auch außerhalb von Städten auftreten, ohne dabei einen besonderen Verbreitungsschwerpunkt aufzuweisen. Ein typisches Beispiel für solche ubiquitäre Arten ist die Amsel (*Turdus merula)* (ERZ & KLAUSNITZER: 1998; 279).

- mäßig urbanophile Arten haben ihren Verbreitungsschwerpunkt innerhalb der bebauten Gebiete, fehlen jedoch nicht in der freien Landschaft. Beispielsweise Türkentauben *(Streptopelia decaocto*) oder die Hausspitzmaus (*Crocidura russula*) haben eine solche Auftretenscharakteristik (ERZ & KLAUSNITZER: 1998; 279).

- extrem urbanophile Arten, wie die Hausratte (*Rattus rattus),* die Hausmaus *(Mus musculus)* oder der Mauersegler *(Apus apus)* kommen heute nahezu ausschließlich innerhalb des Stadtgebietes vor (ERZ & KLAUSNITZER: 1998; 279).

In diesem Kontext sei auch das von POVOLNY (1962/63) entwickelte Synantropie-Modell erwähnt (ERZ & KLAUSNITZER: 1998; 276). Synanthropie bezeichnet die Anpassung von Kulturfolgern (synanthrope Arten) an die Anthropozönose (ERZ & KLAUSNITZER: 1998; 276). Synanthropie wird grob in Eusynanthropie und Hemisynanthropie unterschieden. Eusynanthropie oder obligatorische Synanthropie bezeichnet Arten, die zumindest innerhalb eines bestimmten Klimabereiches, ausschließlich im Siedlungsbereich auftreten und sich dort reproduzieren. Dies sind durchweg stark an den Menschen angepasste und somit von der direkten Nähe abhängige Arten (ERZ & KLAUSNITZER: 1998; 277). Dies trifft, nicht zuletzt aufgrund der eingeschränkten Mobilität, eher auf kleinere Lebewesen, wie die Bettwanze (*Cimex lectularius*), die Kopflaus (*Pediculus humanus capitis*) oder Brotkäfer (*Stegobium paniceum*) zu. Hemisynanthropie oder fakultative Synanthropie bezeichnet Arten, die die optimalen Lebensbedingungen in Städten finden, jedoch auch außerhalb der Anthropozönose auftreten. Dabei besteht auch die Möglichkeit eines Austausches. Als Beispiele können die Arten herangezogen werden, die unter „extrem urbanophil" erwähnt wurden (ERZ & KLAUSNITZER: 1998; 277 f.).

2.8 Die ökologischen Eigenschaften und Besonderheiten urban-industrieller Landschaften im Kontext der Arbeit

Die abiotischen Eigenschaften urban-industrieller Ökosysteme sind im Kontext dieser Arbeit vor allem für die Auswahl der Zielarten wichtig. Es ist davon auszugehen, dass die unter 2.5 erwähnten Besonderheiten teilweise auf die Untersuchungsflächen zutreffen; abweichungen bestimmter Merkmale sind jedoch möglich Nicht zuletzt, weil sich beide Untersuchungsflächen in eher ländlich geprägten Gebieten befinden ist davon auszugehen, dass die typischen Eigenschaften urban-industrieller Standorte nicht im vollen Umfang zutreffen. Die Erhebung der genauen Standortbedingungen durch Bioindikation (vgl. 4.1.4) soll darum die Ausprägung der einzelnen abiotischen Standortfaktoren im Detail feststellen.

An den in 2.6 und 2.7 erwähnten Besonderheiten der Flora und Fauna urban industrieller Ökosysteme lässt sich ein zentrales Problem bei der Auswahl geeigneter Zielarten ablesen: Da es sich um einen in erster Linie anthropogen geprägten Lebensraum handelt, an den die Menschen bestimmte Ansprüche haben, lassen sich potentiell nachteilige anthropogene Einflüsse bestenfalls verringern, jedoch nie ganz vermeiden. Um diese Einflüsse dauerhaft tolerieren zu können, sollten die Zielarten im Idealfall möglichst viele der erwähnten vorteilhaften Eigenschaften erfüllen.

Auf der anderen Seite ergeben sich aus den ökologischen Besonderheiten urban-industrieller Ökosysteme auch Potentiale für eine naturnahe Gestaltung von Betriebsgeländen: Vor allem die Tatsache, dass auf urban-industriellen Flächen zumeist keine Land- und Forstwirtschaft stattfindet, erleichtert eine naturnähere Neugestaltung urban-industrieller Flächen, da keine Ertragsansprüche an sie gestellt werden. So finden sich beispielsweise in Stadtgebieten verschiedene Lebensraumtypen, die durch Nutzungsintensivierung in den letzten Jahrzehnten in der freien Landschaft selten geworden sind (WITTIG: 1998; 252 ff.). Zudem schließen die für urban-industrielle Ökosysteme typischen Standortfaktoren nicht unbedingt aus, gefährdete Arten zu fördern. Im Gegenteil könnten gerade diese, vom Umland abweichenden, Besonderheiten Potentiale für bestimmte Arten bedeuten. Jedoch ist es im Sinne meines Zieles, nur in der Umgebung auftretende Arten zu fördern, notwendig, dass die lokalen Besonderheiten der Standortbedingungen in einzelnen Merkmalen denen bestimmter Habitattypen im Umland entsprechen. Ein Beispiel wäre etwa Arten der Trockenrasen auf einem eher trockenen Unternehmensareal, in dessen Umgebung ebenfalls solche Arten auftreten.

3 Theorie und Methodik der Zielfindung

In diesem Kapitel stelle ich die Grundlagen dar, auf deren Basis ich geeignete Aufwertungsziele für die jeweiligen Untersuchungsflächen festlege. Im ersten Abschnitt (3.1) erörtere ich die relevanten theoretischen Hintergründe der Zielfindung. In diesem Textteil beschreibe ich zunächst allgemein wie Zielsysteme aufgebaut sind und welchen Zweck sie haben. Anschließend erläutere ich die einzelnen Ebenen der von mir angewendeten Hierarchie eines Zielsystems. Im zweiten Abschnitt (3.2) führe ich aus, wie ich die Zielhierarchie für meine Zwecke adaptiert habe. Dabei gehe ich insbesondere darauf ein, welche Besonderheiten bei diesem Vorhaben zu beachten sind.

3.1 Zielsysteme

„Zielsystem" ist der zusammenfassende Begriff für einzelne Entscheidungsebenen, die von einer grobe Vorgabe zu einem konkreten Ziel führen sollen. Insbesondere im Naturschutz sind diese Zielsysteme ein wichtiges Werkzeug um grob formulierte politische Vorgaben, die „Leitlinien", auf konkret durchführbare Maßnahmen zu reduzieren. Die zentralen Begriffe, die innerhalb eines Zielsystems in einer „Zielhierarchie" geordnet werden, sind „Leitbild", „Umweltqualitätsziele" und „Umweltqualitätsstandard" (vgl. Tabelle 1) (JESSEL & TOBIAS: 2002; 340). Ausgehend von Leitlinien, die ein allgemeines Ziel vorgeben, wird die jeweils nächste Hierarchieebene abgeleitet. So ergibt sich eine absteigende Rangfolge, die mit jeder Ebene konkreter wird.

Tabelle 1: Mögliche Hierarchie eines Zielsystems im Natur- und Umweltschutz (nach JESSEL & TOBIAS: 2002; 342)

Leitlinien →	Leitbild →	Umweltqualitätsziele →	Umweltqualitätsstandards
Allgemeine Zielvorstellung der Umweltpolitik ohne weitere räumliche oder sachliche Konkretisierung	Integrative Summe der Umweltqualitätsziele, bezogen auf z. B. eine Gemeinde oder einen Naturraum	Sachliche, räumlich und zeitlich definierte Qualitäten von Ressourcen, Potentialen und Funktionen, die in konkreten Situationen gepflegt, geschützt oder entwickelt werden sollen.	Konkrete, in der Regel quantifizierte, d.h. auf Messvorschriften bezogene Angaben zur gewünschten Umweltqualität
→	→	→	

Auf den folgenden Seiten (3.1.1-3.1.3) beschreibe ich die einzelnen Hierarchieebenen und erläutere, was bei den jeweiligen Schritten zu beachten ist. Zusätzlich betrachte ich jede Ebene im Kontext dieser Arbeit. Da es für mein Vorhaben gegeben ist, Zielarten zu identifizieren (vgl. 3.1.2), erläutere ich abschließend in 3.1.4 das Zielartenkonzept.

3.1.1 Leitbilder

Leitbilder können als die integrative Summe von - auf verschiedene Schutzgüter bezogenen - Umweltqualitätszielen verstanden werden. Dies bedeutet jedoch nicht, dass Leitbilder aus Umweltqualitätszielen abgeleitet werden. Umweltqualitätsziele sind vielmehr Facetten des Leitbildes, in die dieses aufgespalten wird. Leitbilder werden aus den Leitlinien abgeleitet und sind in der Regel bereits räumlich und thematisch konkretisiert. Der anzustrebende Zustand wird in Leitbildern sehr allgemein formuliert und ist immer in Relation zur Bezugsebene zu sehen. Der Sinn von Leitbildern wird vor allem deutlich, wenn man bedenkt, dass in den verschiedenen Bezugsebenen unter Umständen gegensätzliche Ziele verfolgt werden (JESSEL & TOBIAS: 2002; 341). Nimmt man das Beispiel „Unternehmen Natur" stehen unter Umständen die Qualitäten eines Unternehmensareales im Hinblick auf Erholungswert im Gegensatz zu den Qualitäten im Hinblick auf Lebensraum für bedrohte Arten. In derartigen Situationen kann eine Rückbesinnung auf das Leitbild helfen, Entscheidungen zu treffen und Prioritäten zu setzen.

Verschiedene Bezüge bringen unterschiedliche Leitbilder hervor. In Tabelle 2 ist dies dargestellt.

Tabelle 2: Sektorale Leitbilder verschiedener Bezugsebenen (Adaption nach Jessel & Tobias: 2002; 344 in Roweck, 1995)

Bezug	Kultur-landschaft	Psychische Bedürfnisse des Menschen	Arten, Biotope	Natur-landschaft	Boden, Wasser, Luft	Physische Bedürfnisse des Menschen
Sektorales Leitbild	historisches Leitbild	ästhetisches Leitbild	biotisches Leitbild	„Natur"-Leitbild	abiotisches Leitbild	Nutzungs-Leitbild

In der naturschutzfachlichen Praxis sind diese Leitvorstellungen selten in Reinform anzutreffen, sondern meist als Konglomerat mit Bezug zu den Gegebenheiten des jeweiligen Planungsraumes. Eine Reduktion auf die einzelnen Ebenen ermöglicht, jedoch in der Planung einer Maßnahme verschiedene Entwicklungsszenarien auszuarbeiten (Jessel & Tobias: 2002; 343).

3.1.2 Umweltqualitätsziele

Umweltqualitätsziele stellen die sachliche, räumliche und zeitliche Konkretisierung von Leitbildern dar. Sie beziehen sich auf die Qualitäten von Gegebenheiten, die in bestimmten Situationen geschützt, gepflegt oder entwickelt werden sollen. Ziele werden hier konkret formuliert und in der Regel auf landschaftsökologische Raumeinheiten bezogen, die sich durch möglichst gleichartige Ausprägung von abiotischen Landschaftsfaktoren definieren (Jessel & Tobias: 2002; 343).

Im Falle eines biotischen Leitbildes wird das Umweltqualitätsziel zumeist Eigenschaften eines Areals, bezogen auf die Habitatansprüche einer oder mehrerer bestimmter Zielarten oder -gattungen (vgl. 3.1.4), definieren.

3.1.3 Umweltqualitätsstandards

Umweltqualitätsstandards sind die konkreteste Ebene eines Zielsystems. Sie sind die handlungsorientierte Auslegung der Umweltqualitätsziele. Die Angaben zur gewünschten Umweltqualität werden hier in messbare und in ihrem Erfolg überprüfbare Umweltstandards übertragen. Es ist jedoch nicht immer sinnvoll, Umweltqualitäten in Standards zu übertragen, da nicht quantifizierbare Qualitäten dabei ausgeklammert werden (Jessel & Tobias: 2002; 343/344).

3.1.4 Das Zielartenkonzept

Da das Leitbild in dieser Arbeit ein „biotisches" ist (vgl. 3.1.1 & 3.2.2), ist es notwendig Zielarten zu identifizieren. Allein in Bayern liegt die Artenzahl im 5-stelligen Bereich. Darum muss diese große Vielfalt für die Planung auf eine handhabbare Größe reduziert werden (Jessel & Tobias: 2002; 364). In mehreren Schritten wird so anhand verschiedener Kriterien die Zahl der als Zielart in Frage kommenden Arten reduziert. Durch Zielarten sollen die Ziele des Naturschutzes konkretisiert werden. Sie sind als Umweltqualitätsziele zu sehen, durch die die abstrakt und visionär gehaltenen Formulierungen von Leitbildern eine methodisch nachvollziehbare Form erhalten. Durch sie können sinnvolle Schutz-, Kompensations-, Pflege- und Entwicklungsmaßnahmen abgeleitet werden, Handlungsprioritäten für Maßnahmen festgelegt werden und Ziele für die Erfolgskontrolle definiert werden. Es ist jedoch nicht davon auszugehen, dass Maßnahmen zur Förderung einer einzelnen Zielart zwangsläufig weitere Arten fördern. Zwar ist durch eine Art mit möglichst komplexen

Lebensraumansprüchen ein gewisser „Mitnahmeeffekt" gewährleistet, jedoch ist es, insbesondere bei größeren Gebieten, sinnvoll ein Zielartenkollektiv auszuwählen. Durch die Übergänge zwischen den Lebensraumansprüchen der einzelnen Arten, so die Annahme, entsteht zwangsläufig ein großes Spektrum verschiedenartiger Habitate (JESSEL & TOBIAS: 2002; 367).

In der Regel beginnt die Auswahl mit der Aufnahme sämtlicher in der Zielfläche auftretenden Arten. Ausgehend von diesem Spektrum wird in der Folge durch ein standardisiertes Ausschlussverfahren eine Zielartenfolge erstellt (vgl. Abbildung 1).

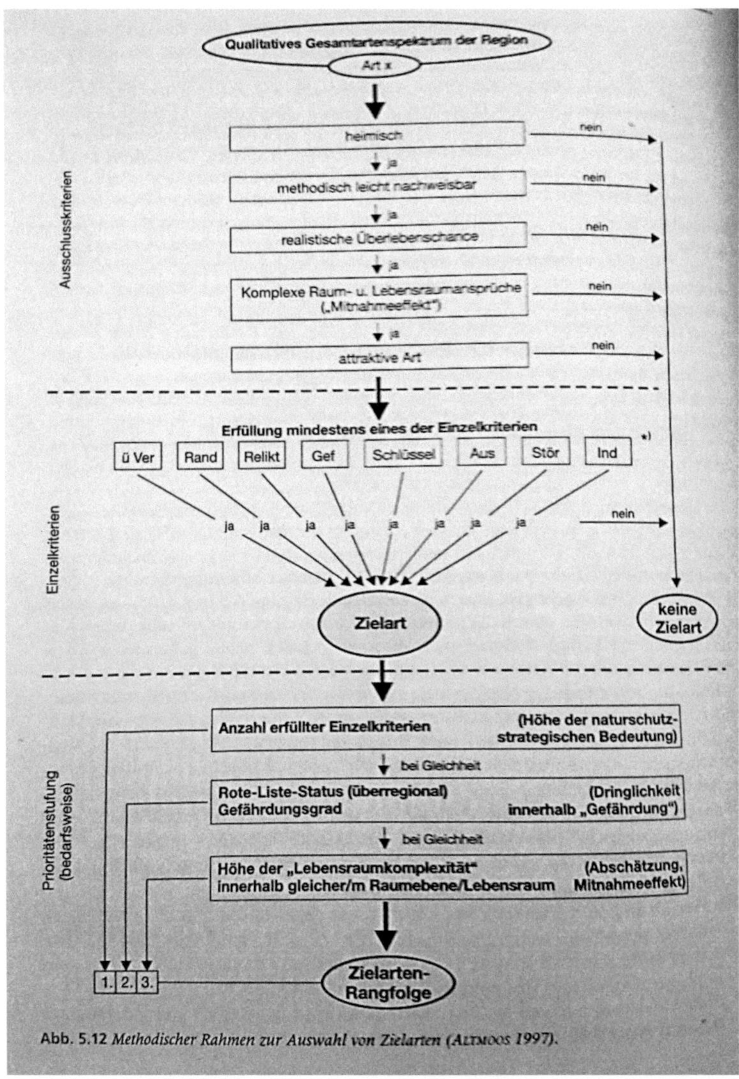

Abbildung 1: Methodischer Rahmen zur Auswahl von Zielarten (Altmoos: 1997 nach JESSEL & TOBIAS: 2002; 370)

Im vorliegenden Beispiel zur standardisierten Auswahl von Zielarten finden sich sämtliche wichtigen Kriterien, die auch in der Praxis bei derartigen Fragestellungen herangezogen werden. Häufig sind solche Auswahlschemata jedoch weniger komplex und schließen vor allem den Gefährdungsgrad einer Art sowie den Mitnahmeeffekt ein.

Hier werden zunächst, ausgehend vom Gesamtspektrum aller Arten in einer Region, für jede Art bestimmte Parameter abgefragt, die darüber entscheiden, ob die Art grundsätzlich geeignet wäre (heimisch? methodische Nachweisbarkeit? realistische Überlebenschance? Mitnahmeeffekt durch komplexe Lebensraumansprüche? Attraktivität?). Anschließend werden Einzelkriterien abgefragt, die für Eigenschaften stehen, die für eine Zielart positiv sind:

- hat die Art einen überregionalen Ausbreitungsschwerpunkt in oder am Rand der Region
- handelt es sich um Reliktvorkommen oder ist die Art endemisch?
- ist die Art störungsempfindlich?
- ist die Art überregional gefährdet?
- hat die Art eine wichtige Zeiger- oder Indikatorfunktion?
- hat die Art eine geringe Ausbreitungs- oder Etablierungsfähigkeit?
- weist die Art wesentliche Schlüsselfunktionen eines Ökosystems auch für andere Arten aus?

Erfüllt eine Art mindestens eines dieser Kriterien ist sie als Zielart geeignet. In der Folge findet eine Reihung der Zielarten in Rangfolge statt. Erstes Kriterium ist die Anzahl der erfüllten Einzelkriterien. Bei Gleichheit wird die Gefährdung laut Roter Liste herangezogen. Liegt auch hier Gleichheit vor, ist die Höhe der „Lebensraumkomplexität" innerhalb gleicher Raumebenen das dritte Kriterium für die Rangfolge.

3.2 Zielfindung zur naturschutzfachlichen Aufwertung von Unternehmensarealen

In diesem Abschnitt befasse ich mich mit der Zielhierarchie für mein Vorhaben, also mit der Frage, wie grobe Vorgaben im Einzelfall systematisch konkretisiert werden können.

Um die Vielzahl von Möglichkeiten zur naturschutzfachlichen Aufwertung von Unternehmensarealen einzuschränken, ist es unerlässlich, zunächst ein Ziel zu formulieren, das eine grobe Richtung vorgibt. Folglich muss zuerst ein Leitbild entwickelt werden, das allgemeingültig auf alle Beispielflächen bezogen werden kann. Es ist als visionärer Idealzustand der jeweiligen Areale anzusehen. Anschließend können aus dem Leitbild individuelle Zielkonzepte bzw. Umweltqualitätsziele abgeleitet werden. (JESSEL & TOBIAS: 2002; 338/339)

Als Basis für die Entwicklung eines Leitbildes für mein Vorhaben dienen Leitlinien aus der Umweltpolitik. Die Bezugsebene im Rahmen dieser Arbeit sind Arten und Biotope (vgl. 3.1.1). Folglich ist das sektorale Leitbild ein biotisches und sollte im Bezug zu den entsprechenden Leitlinien der Umweltpolitik stehen. Dieses Leitbild soll übergeordnet für sämtliche Beispielflächen anwendbar sein, um dem Anspruch der universellen (Weiter-)Verwendbarkeit zu genügen. Es ist darum naheliegend, auf die Leitlinien derjenigen politischen Ebene zurückzugreifen, die diese Flächen räumlich einschließt. In diesem Fall sind das die Leitlinien der bayerischen Umweltpolitik im Hinblick auf Arten- und Biotopschutz.

Dementsprechend stelle ich im Folgenden zunächst meine Leitlinie, die bayerische Biodiversitätsstrategie, vor. Im Sinne der Zielhierarchie leite ich daraus anschließend ein eigenes Leitbild für diese Arbeit ab. Da es sich dabei um ein Leitbild handelt, das sowohl einen biotischen, als auch einen Nutzungsfokus hat ist es erforderlich, dies bei der Zielartenauswahl zu beachten. Die Bezugsebenen sind folglich Arten und Biotope sowie physische Ansprüche des Menschen. Darum behandle ich neben dem biotischen Fokus des Leitbildes, auf den ich in 3.2.4 eingehe, indem ich mein Auswahlschema für Zielarten erläutere, auch die physischen Nutzungsansprüche des Menschen (3.2.3). Dies sind im Falle von aktuell genutzten Unternehmensarealen einige Besonderheiten im Hinblick auf nutzungsbedingte, unvermeidliche Störungen, welche in das Auswahlschema für Zielarten mit eingeflossen sind. Abschließend gehe ich kurz auf die Umweltqualitätsziele ein, die im Falle dieser Arbeit Konkrete Maßnahmen, bzw. Standortentwicklungsziele, für einzelne Arten sind.

3.2.1 Die bayerische Biodiversitätsstrategie als umweltpolitische Leitlinie

2008 wurde vom bayerischen Staatsministerium für Umwelt und Verbraucherschutz die bayerische Biodiversitätsstrategie verabschiedet. Diese beinhaltet den Plan, das bayerische Netzwerk von Schutzgebieten und weiteren Vernetzungselementen bis 2020 so zu vervollständigen, dass genügend Flächen zur dauerhaften Erhaltung der biologischen Vielfalt zur Verfügung stehen (LFU: 2013). Im Hinblick auf die Rote Liste Arten soll sich die Gefährdungssituation bis 2020 so für mindestens 50% um eine Stufe gebessert haben (STMUG: 2009; 13). Die Strategie, die breit gefächert verschiedenste Bereiche des Schutzes der Biodiversität umfasst, eignet sich als Leitlinie, die für die weitere Zielfindung eine umweltpolitische Grundlage darstellt. Als aktuelles Paradigma im bayerischen Umwelt- und Naturschutz ermöglicht sie, im Rahmen dieser Arbeit die „naturschutzfachliche Aufwertung von Unternehmensarealen" vorrangig im Kontext der Erhaltung der Biodiversität zu sehen. Im Leitbild der bayerischen Biodiversitätsstrategie findet sich unter anderem der Satz: „Des Weiteren werden sich die Zielaussagen zum Erhalt der biologischen Vielfalt [...] als Bestandteil der Unternehmenspolitik der Industrie wieder finden." (STMUG: 2009; 13). Weiter wird als Ziel definiert, Lebensräume von Arten, für die Bayern eine besondere Erhaltungsverantwortlichkeit hat, zu erhalten, wiederherzustellen und zu verbessern (STMUG: 2009; 15). Vor diesem Hintergrund liegt es nahe Unternehmensareale so zu verändern, dass in Form „weiterer Vernetzungselemente" als sinnvolle Erweiterungen oder Ergänzungen von Lebensräumen seltener oder bedrohter Arten dienen können.

3.2.2 Leitbild der naturschutzfachlichen Aufwertung von Unternehmensarealen

Ausgehend von dieser Interpretation der politischen Leitlinie habe ich ein Leitbild formuliert, das allgemeingültig auf sämtliche Beispielflächen bezogen werden kann. Ferner beinhaltet es Elemente, die im Falle verschiedener Optionen eine Entscheidung ermöglichen sollen. Die verwendeten Termini sollen außerdem die Auswahlmatrix für die jeweiligen Zielarten integrierbar sein. Das Leitbild steckt zugleich die Grenzen der Bezugsebene ab. Es ist kein biotisches Leitbild in Reinform, da auch die physischen Interessen des Menschen in Form unvermeidbarer Störungen und Aufwand der Umsetzung bzw. der Erhaltung mit einfließen (vgl. 3.2.3). Darum ist es teilweise ein Nutzungsleitbild. Bei der Ausarbeitung der Aufwertungsszenarien werden nur diese beiden Bezugsebenen, Arten und Biotope sowie physische Ansprüche des Menschen, einfließen. Sollte auch für andere Bezugsebenen

(z. B. Boden, Wasser, Luft) ein positiver Effekt zu erwarten sein, werde ich dies freilich trotzdem erwähnen.

Leitbild:

Die Unternehmensareale werden heimischen seltenen oder gefährdeten Arten ein Habitat bieten, die vorhandenen Lebensräume solcher Arten in der Umgebung ergänzen oder in Form von Trittsteinbiotopen vernetzen. Die Areale werden der jeweiligen Zielart wichtige Funktionen bereitstellen, wie Nist- oder Jagdgelegenheiten. Es wird sich dabei um Arten handeln, die den, durch die betriebliche Nutzung unvermeidbaren, Störungen auf dem jeweiligen Unternehmensareal gegenüber tolerant sind. Der Zielzustand ist standortgerecht und darum mit möglichst einfachen Mitteln zu verwirklichen und zu erhalten.

3.2.3 Erläuterungen zum Nutzungsfokus des Leidbildes

Da das Leitbild durch den Bezug auf unvermeidbare Störungen neben dem biotischen Fokus auch einen Nutzungsfokus hat, muss die Planung auch der entsprechenden Bezugsebene, den „physischen Ansprüchen des Menschen", gerecht werden. In diesem Unterkapitel beschreibe ich, welche Form diese Ansprüche im konkreten Fall annehmen.

Da es sich bei den Untersuchungsflächen um Unternehmensareale handelt, die in Betrieb sind, werden auch nach einer naturschutzfachlichen Aufwertung die Nutzungsansprüche an die jeweilige Fläche im Vordergrund stehen. Darum ist es für den Erfolg der Aufwertungsmaßnahmen entscheidend, bereits im Vorfeld unvermeidbare anthropogene Einflüsse auszumachen und dementsprechend Zielarten auszuwählen, die die zu erwartenden Einflüsse hinreichend tolerieren können. Natürlich kann, im Gegensatz zum Naturschutz auf öffentlichen Flächen, auf Flächen, die in Privatbesitz sind, nicht immer das Optimum im Hinblick auf die lokalen Schutzziele angestrebt werden. Da Umgestaltungs- und Pflegemaßnahmen hier durch das jeweilige Unternehmen finanziert werden, ist die Wahrscheinlichkeit einer Umsetzung der Aufwertung höher, je niedriger die damit verbundenen Kosten sind. Diese Aspekte, im weiteren Sinne ebenfalls Umweltqualitätsziele, finden sich als Bezugsebene im Leitbild wieder.

3.2.3.1 Nutzungsansprüche an Unternehmensareale

Die Ansprüche, die seitens des Unternehmens an das Areal gestellt werden, hängen in erster Linie von der Art der Industrie ab. Demensprechend verschiedenartig sind auch die durch die Nutzung bedingten Einflüsse, Störungen oder Veränderungen der abiotischen Standorteigenschaften.
Im Kontext dieser Arbeit relevante Beispiele für Einflüsse wären etwa Erholungsnutzung durch MitarbeiterInnen, (Liefer-)Verkehr, produktionsbedingte Emissionen (Nähr- und Schadstoffeintrag, Lärm), geländemorphologische Veränderungen (z. B. bei Abbauflächen), sicherheitstechnisch relevante Pflegemaßnahmen (z. B. Baumpflege) oder verstärkte Erwärmung eines Areals im Sommer z. B. durch große Parkplatzflächen.
Welche für den weiteren Betrieb einer Anlage unvermeidlichen Störungen auf den Untersuchungsflächen tatsächlich auftreten, muss im Einzelfall erhoben werden. In der Folge kann die Störungsanfälligkeit in Frage kommender Zielarten als Ausschlusskriterium in der Zielartenauswahl zur Anwendung kommen (vgl. 3.2.4).

3.2.3.2 Aufwand zur Umsetzung und Erhaltung eines Lebensraumes

Mit dem entsprechenden technischen und finanziellen Aufwand ist es prinzipiell möglich ist, so gut wie jedes Ökosystem in ein beliebiges anderes Ökosystem umzuwandeln und damit als Lebensraum für fast jede Art zu gestalten. Darum ist es wichtiges Ausschlusskriterium bei der Auswahl der Zielarten, dass der bevorzugte Lebensraum einer Art mit den gegebenen Standortbedingungen auf einer Zielfläche vereinbar ist. Auf der einen Seite sollen auf diese Weise nur Lebensräume gefördert werden, die im regionalen Landschaftskontext als schützenswert bzw. förderungswert erachtet werden. Auf der anderen Seite stellt insbesondere der finanzielle Aufwand einen entscheidenden Faktor dafür da, ob eine Maßnahme tatsächlich umgesetzt wird. Dieser Aspekt wiegt insbesondere im Rahmen dieser Arbeit schwer, da man davon ausgehen kann, dass Maßnahmen durch die Unternehmen selbst finanziert werden. Um die Wahrscheinlichkeit der Umsetzung einer naturschutzfachlichen Aufwertung zu erhöhen, ist es folglich ratsam, möglichst wenig aufwändige und kostspielige Maßnahmen zu planen. Im Einzelfall kann es sein, dass dabei ökologische Aspekte hinter ökonomische gestellt werden. Im Auswahlschema für die Zielarten stellen diese Aspekte darum das wichtigste Entscheidungskriterium im Falle mehrerer potentieller Zielarten dar (vgl. 3.2.4). Um jedoch die Anwendbarkeit dieses Kriteriums zu gewährleisten, muss ein Maßstab für den Aufwand zur Umsetzung und Pflege herangezogen werden.

Als Grundlage kann hier die „Kostendatei" des Bayerischen Landesamtes für Umwelt (LfU) dienen (http://www.lfu.bayern.de/natur/landschaftspflege_kostendatei/doc/kostendatei_voll.pdf   Zugriff: 24. März 2014). In diesem Dokument sind die Kosten zahlreicher gängiger pflegerischer und gestalterischer Maßnahmen in Relation zum Umfang (z. B. Kosten pro m²) aufgelistet.

Zu beachten ist jedoch, dass die direkten Kosten für das jeweilige Unternehmen eventuell durch Inanspruchnahme von Fördermitteln gesenkt werden könnten (z. B. das Projekt „Naturnahe Gestaltung von Firmengeländen", siehe 2.1).

3.2.4 Adaption des Zielartenkonzeptes

Im Gegensatz zur herkömmlichen Vorgehensweise bei der Auswahl von Zielarten sind im Rahmen dieser Arbeit einige Unterschiede zu beachten. Der wesentliche Unterschied zwischen dem in 2.3 beschriebenen Konzept und meiner Vorgehensweise ist, dass die potentiellen Zielarten vermutlich noch nicht auf der Zielfläche auftreten. Dennoch werde ich nach Kartierung und Artenaufnahme der Untersuchungsflächen deren Zustand mit dem Leitbild abgleichen, um auszuschließen, dass eventuelle Artenvorkommen und Standortpotentiale unter den Tisch fallen. In einem solchen Fall hätte eine weitere Förderung dieser geschützten oder gefährdeten Art(en) als Zielart Priorität. Da es sich bei der Artenaufnahme um eine vorrangig floristische Untersuchung handelt, können auf diesem Weg lediglich Pflanzenarten zu Zielarten werden.

Falls, wie erwartet, keine potentielle Zielart auf der jeweiligen Fläche auftritt, werde ich auf Arten, die in der Umgebung auftreten, zurückgreifen. In diesem Fall wird es sich ausschließlich um Tierarten handeln, da es oft erheblich einfacher ist, konkrete Maßnahmen zur Förderung von bestimmten Tieren zu ergreifen, als dies für Pflanzen möglich ist. Die Quellen, die ich hier heranziehe sind die Ausarbeitungen des Arten- und Biotopschutzprogrammes auf Landkreisebene (vgl. 4.1.3.1). Auf die Grundgesamtheit von Tierarten, die durch das Auswahlschema überprüft werden sollen, gehe ich in Unterkapitel 3.2.5 ein. Die Filterfragen sind in einer Reihenfolge gestellt, die in der Komplexität der für die Antwort notwendigen Recherche zunimmt. Dies bietet die Möglichkeit, einen Großteil des Artenspektrums ohne umfassende Recherche „auszusieben". So ist der erste Filter, den die Arten durchlaufen, die Frage nach der Attraktivität. Würde diese Frage an späterer Stelle im Schema gestellt, müsste man zuvor zur Beantwortung eher komplexer Fragen zahlreiche Informationen zu den Ansprüchen einer Art recherchieren, die später unter Umständen bei der relativ einfach zu beantwortenden Frage nach der Attraktivität ohnehin herausfällt. Darüber hinaus ist es für Unternehmen ohnehin vorteilhaft, ihr Engagement im Hinblick auf Biodiversität, anhand bestimmter attraktiver Arten präsentieren zu können. Natürlich ist „Attraktivität" eine höchst subjektive Eigenschaft. Es finden sich zwar Untersuchungen wie von MÖRBE (1999), welche Tierarten von Schulkindern als attraktiv empfunden werden, objektive Kriterien finden sich jedoch nicht. Zudem sind diese Auswertungen sehr grob und enthalten sowohl exotische Tiere als auch Haustiere und heimische Wildtiere. Verwertbar ist höchstens die Erkenntnis, dass Schulkinder am häufigsten Schlangen und Spinnen gegenüber eine Abneigung hatten (MÖRBE: 1999; 163). GRAF (2010; 9) verwendet in seinem Auswahlschema für Leitarten im Landwirtschaftsgebiet eine Tabelle mit der sich die Attraktivität von Tierarten näherungsweise abschätzen lässt (Tabelle 3). Ich werde mich darum in meinem Auswahlschema auf diese Tabelle beziehen, indem ich versuche die Art einzuordnen und Arten ausschließe, die einen Wert von 0 oder 1 erreichen.

Tabelle 3: Bewertungskriterien für die Beurteilung der Attraktivität einer potenziellen Leitart (GRAF: 2010; 9)

Wert	Kriterium
0	Die Art ist den meisten Menschen bekannt, aber unsympathisch.
1	Die Art ist dem breiteren Publikum größtenteils unbekannt oder sie ist unscheinbar oder die Mehrheit des Publikums steht ihr neutral gegenüber oder die Art ist bei einigen Bevölkerungsgruppen beliebt, bei anderen unbeliebt.
2	Die Art ist zwar relativ unbekannt oder vielen Leuten wenig sympathisch, aber dank ihres Verhaltens oder Aussehens, ihrer Geschichte oder Wirkung attraktiv.
3	Ein Großteil des Publikums kennt die Art und sie ist allgemein beliebt.

Als nächstes Ausschlusskriterium ist es entscheidend, ob eine Art eine realistische Chance hat, die jeweilige Zielfläche in einem angemessenen Zeitraum zu erreichen. Auch diese Frage ist noch relativ einfach zu beantworten. Da durch diese beiden Fragen ohnehin ein Großteil des Gesamtspektrums förderungswürdiger Arten einer Region aussortiert werden kann, muss die folgende, eher rechercheaufwändige Frage, ob die Zielfläche eine Funktion für die jeweilige Art erfüllen könnte, nur mehr für eine Hand voll Arten beantwortet werden. Die Frage bezieht sich darauf, ob die Art, in Anbetracht der durch den Betrieb unvermeidbaren Störungen, eine oder mehrere ihrer Existenzgrundlagen (Nahrung, Unterschlupf, Reproduktion) auf der Zielfläche erfüllen könnte, sofern Fördermaßnahmen für sie umgesetzt werden. Der Konjunktiv „könnte" ist hier notwendig, da sich die Frage anderenfalls auf den aktuellen Zustand der Fläche und nicht auf den Zustand nach der Umsetzung von angemessenen Fördermaßnahmen beziehen würde. Ich bin an dieser Stelle von der Formulierung „realistischen Überlebenschance einer Art auf der Zielfläche" abgewichen, da, dem Leitbild entsprechend, die Förderung einer Zielart nicht unbedingt bedeuten muss, dass diese Art die Zielfläche/n als Habitat für sämtliche Existenzgrundlagen erschließen kann. Das Ziel wäre auch erreicht, wenn eine Zielart die Zielfläche/n beispielsweise nur als Trittstein-, oder Jagdhabitat nutzt.

Die Frage, ob die Art heimisch ist, entfällt, da in besagten Ausarbeitungen lediglich heimische Arten behandelt werden. Außerdem ist die Frage nach der Komplexität der Lebensraumansprüche, aus der sich ggf. ein Mitnahmeeffekt für andere Arten ergibt, bei der geringen Größe der Zielflächen nicht sehr relevant, weshalb sie vom Ausschlusskriterium zum Einzelkriterium herabgestuft wird. Ebenfalls von untergeordneter Wichtigkeit ist die einfache methodische Nachweisbarkeit der Art, da nicht zwingend davon auszugehen ist, das auf den Zielflächen ein „Monitoring" über den Erfolg stattfinden wird. Zudem ist durch das begrenzte Raumangebot auf den Beispielflächen die Reduktion auf eine einzelne Zielart oder mehrere Zielarten mit ähnlichen Habitatansprüchen angemessen.

Um sicher zu gehen, dass Arten mit einem guten Etablierungspotential auf der jeweiligen Fläche bevorzugt werden, habe ich das Schema zur Rangfolge der Zielarten an erster Stelle durch das Kriterium „Anzahl der Quellen" ergänzt. Dies bezieht sich auf die drei Quellen, die ich für die Grundmenge an Arten, die das Schema durchlaufen, heranziehe und wird in 3.2.5 näher erläutert. Diese Vorgehensweise zielt darauf ab, Arten zu identifizieren, die aufgrund von Nachweisen und Schwerpunkten des Naturschutzes für die Region und den jeweiligen Lebensraumtyp besonders geeignet sind, Zielart für ein Areal zu werden.

Laut Leitbild ist es ein wichtiges Kriterium, dass der angestrebte Habitatzustand mit möglichst einfachen Mitteln zu verwirklichen und zu pflegen ist. Das Schema zur Rangfolge der Zielarten wird darum an zweiter Stelle durch den Aufwand zur Umsetzung und Erhaltung des Lebensraumes einer Art ergänzt.

Um den Aufwand in einem angemessenen Maß zu halten und Übersichtlichkeit zu gewährleisten, werde ich mich darauf beschränken, eine primäre und gegebenenfalls eine sekundäre Zielart zu benennen. Die Reihung ergibt sich aus dem Auswahlschema. Grundvoraussetzung für eine Art als sekundäre Zielart benannt zu werden, ist es, dass ihre Lebensraumansprüche gut mit denen der primären Zielart vereinbar sind. Sollten mehrere Arten als sekundäre Zielart in Frage kommen, entscheidet die durch das Auswahlschema vorgegebene Reihung der Arten.

Das im Hinblick auf diese Kriterien veränderte Schema zur Auswahl einer Zielart ist in Abbildung 2 dargestellt.

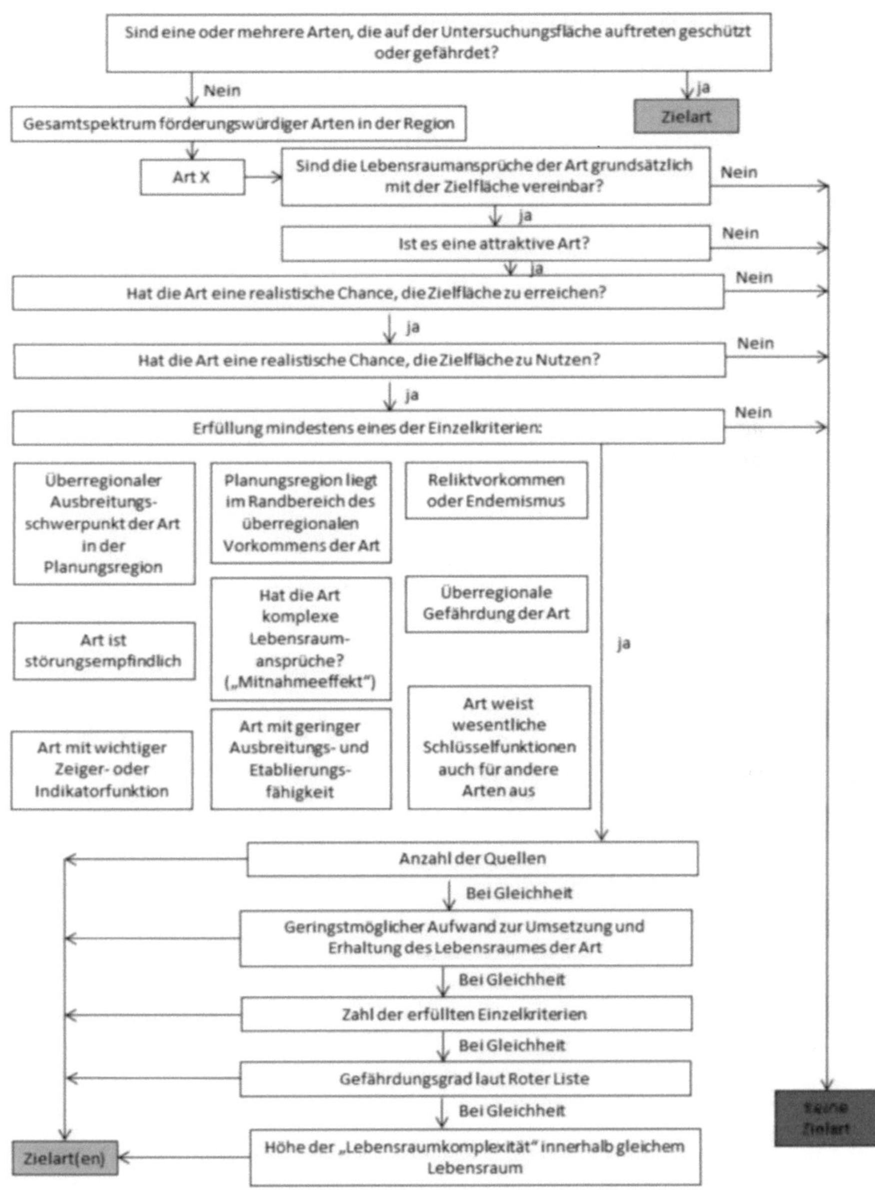

Abbildung 2: Methodischer Rahmen zur Auswahl von Zielarten (Verändert nach Vorlage von Altmoos, 1997 nach JESSEL & TOBIAS: 2002; 370)

3.2.5 Gesamtspektrum förderungswürdiger Arten in der Region

Ziel des Auswahlschema für Zielarten ist es, die große Menge geschützter, gefährdeter oder anderweitig förderungswürdiger Arten in einer „Region" auftritt, auf eine handhabbare Menge zu reduzieren (vgl. 3.2.4). Grundsätzlich ist dabei zunächst zu klären, wie „Region" definiert werden soll. Im Falle dieser Arbeit soll die Quelle für förderungswürdige Arten das Arten- und Biotopschutzprogramm des jeweiligen Landkreises sein. Darum macht es der Einfachheit halber Sinn, die „Region" ebenfalls als den Landkreis zu definieren, in dem das jeweilige Unternehmensareal liegt (vgl. 9).

Da die Recherche für die einzelnen Kriterien des Auswahlschemas jedoch sehr aufwendig ist, muss bereits im Vorfeld eine sinnvolle Auswahl von Arten getroffen werden, die das Schema durchlaufen sollen.

So macht es beispielsweise Sinn, lediglich Arten zu überprüfen, deren Lebensraumansprüche grundsätzlich mit den Bedingungen auf dem jeweiligen Areal vereinbar sind. Dies bedeutet beispielsweise, dass Arten alpiner Lebensräume bei einem Areal, das im Alpenvorland liegt nicht in das Auswahlschema mit einbezogen werden müssen, auch wenn diese Arten im jeweiligen Landkreis als förderungswürdig gelten.

Ich habe mich zur Reduktion der genauer zu betrachtenden Artenmenge entschlossen folgende Quellen heranzuziehen:

- Schwerpunktarten für den jeweiligen Landkreis:
  In Kapitel 2 des ABSP, das sich jeweils mit den auftretenden Tier- und Pflanzenarten befasst sind für die verschiedenen Klassen im Landkreis auftretender Flora und Fauna jeweils Schwerpunktarten aufgelistet. Diejenigen dieser Arten, deren Lebensraumansprüche grundsätzlich mit den Bedingungen auf dem Unternehmensareal vereinbar sind, durchlaufen das Auswahlschema für Zielarten
- Schwerpunktarten für den jeweiligen Lebensraumtyp:
  In Kapitel 3 des ABSP werden für ausgewählte Lebensraumtypen Ziele und Maßnahmen vorgestellt. In der Regel ist der Lebensraumtyp „Siedlungen". Darunter finden sich immer auch Tierarten, die gezielt gefördert werden sollen. Diese fließen in die Grundmenge des Auswahlschemas ein.
- Artnachweise im direkten Umfeld zur Untersuchungsfläche:
  Im ABSP sind jeweils auch einzelne Artnachweise festgehalten. Treten förderungswürdige Arten in der Umgebung des jeweiligen Areals, z. B. im Umkreis von 2-3km auf, fließen sie, sofern ihre Lebensraumansprüche grundsätzlich mit den Bedingungen auf dem Unternehmensareal vereinbar sind, in das Auswahlschema ein.

Diese Vorauswahl ermöglicht es zusätzlich eine Reihung vorzunehmen, falls mehrere Arten für das jeweilige Areal als Zielart in Anbetracht kommen: Je mehr dieser Kriterien eine Art erfüllt, bzw. in je mehr dieser Quellen eine Art genannt wird, desto sinnvoller ist es, sie als Zielart für das jeweilige Unternehmensareal einzusetzen (vgl. 3.2.4).

3.2.6 Konkrete Maßnahmen für ausgewählte Zielarten

Sind schließlich geeignete Zielarten für die Zielflächen ausgewählt, müssen für diese Arten Förderungsmaßnahmen entwickelt werden. Diese Maßnahmen sind als Umweltqualitätsstandards anzusehen (Vgl. 3.1.3). Wie diese Maßnahmen im Einzelfall gestaltet sind, ist sehr von der jeweiligen Art abhängig. Darum ist eine umfangreiche Recherche zu den Ansprüchen der Zielarten notwendig. Bei den Naturschutzverbänden und -organisationen finden sich häufig Praxisbeispiele zur Förderung einzelner Arten. Auch im Arten- und Biotopschutzprogramm auf Landkreisebene sind teilweise konkrete Maßnahmenvorschläge enthalten.

4 Theorie und Methodik der Datenerhebung und Auswertung

Dieses Kapitel befasst sich in erster Linie mit der Datenerhebung, sowohl im direkten Sinne in Form von Datenaufnahme auf den Untersuchungsflächen, als auch im übertragenen Sinne als Recherche in den Quellen für Informationen über lokale Schutzziele. Die Erhebung und Recherche möglichst genauer Daten und Fakten zu den Untersuchungsflächen ist die essentiellen Grundlagen aller weiteren Interpretations- und Planungsschritte. Somit hängen die Ergebnisse dieser Arbeit von der Qualität und dem Informationsgehalt dieser Daten und Fakten ab. Zu überlegen, wie genau und umfassend die einzelnen Faktoren erhoben werden müssen ist darum ein besonders wichtiger Schritt, dem ausreichend Platz eingeräumt werden sollte.

Das Kapitel ist in zwei Abschnitte unterteilt. Im Ersten befasse ich mich mit den theoretischen Grundlagen der Datenerhebung und Auswertung und gehe auf deren wissenschaftliche und naturschutzfachliche Hintergründe ein. Die Datenerhebung umfasst die Kartierung der Strukturen, die Aufnahme der Vegetation und die Recherche nach Schutzzielen. Zur Datenauswertung wird in diesem Kapitel die Methode der Zeigerarten nach Ellenberg vorgestellt.

Im zweiten Abschnitt beschreibe ich, wie ich diese Grundlagen in der Praxis umsetzte. Ich erläutere dabei den Aufbau des Aufnahmebogens und erkläre, wie ich die Methode der Zeigerarten nach Ellenberg anwende.

4.1 Grundlagen der Datenerhebung und Auswertung

Im Falle dieser Arbeit sind die relevanten Grundlagen die Kartierung der Strukturen und Oberflächenbedeckungsarten auf den Untersuchungsflächen einschließlich einer vollständigen Vegetationsaufnahme sowie die Kenntnis der lokalen Schutzziele.

Aus der Kartierung der Oberflächenbedeckung und Strukturen (4.1.1) soll dabei der räumliche Rahmen der Aufwertung hervorgehen. Zudem dient diese Aufnahme als erste Abgrenzung einzelner Vegetationstypen für die Vegetationsaufnahme. Die Vegetationsaufnahme (4.1.2) dient dazu, durch Bioindikation (4.1.4) die Standortfaktoren ableiten zu können und eventuell bereits vorhandene Potentiale der Standorte, wie das Auftreten gefährdeter Arten, zu erkennen. Die lokalen Schutzziele (4.1.3) wiederum stellen die Grundlage der Zielfindung (vgl. Kapitel 3) dar.

Auf Basis dieser Erkenntnisse ist es möglich, Zielarten zu identifizieren und entsprechende Szenarien bzw. Maßnahmen für eine Aufwertung zu entwickeln.

Anzumerken ist, dass, wie erwähnt (vgl. 3.2.4), die Förderung bereits auf der Fläche auftretender geschützter oder gefährdeter Arten Priorität hat. Da dies jedoch nicht zu erwarten ist, werde ich aufgrund meiner fehlenden Expertise bezüglich faunistischer Kartierungen und dem darum unverhältnismäßig hohen Aufwand auf eine Erhebung der auftretenden Tierarten verzichten. Sollten mir jedoch bei den Erhebungen auf den Untersuchungsflächen geschützte Tierarten unterkommen, wird dies selbstverständlich in die weitere Vorgehensweise mit einbezogen.

4.1.1 Strukturkartierung

Die Strukturkartierung stellt die räumliche Grundlage der Szenarienentwicklung dar. Ich möchte darin den Status Quo der Oberflächenbedeckung festhalten. Ich werde darin die räumliche Lage der Vegetationsstrukturen und -einheiten sowie der baulichen Infrastruktur erfassen. Dies werde ich in Form einer einfachen Kartierung vornehmen. Im Vorfeld werde ich dazu anhand von Luftbildern eine grobe Einschätzung treffen, die ich bei der Begehung des jeweiligen Areals verifiziere und optimiere. Diese Kartierung ist insofern essenziell, da sie ein Modell der Untersuchungsfläche darstellt und somit ermöglicht zu erkennen, welche Bereiche eines Areals für die Aufwertung in Frage kommen. Im Fall von Vegetationsstrukturen stellt die Strukturkartierung den räumlichen Rahmen für die Vegetationsaufnahme (vgl. 4.1.2) dar.

4.1.2 Vegetationsaufnahme

Die Informationen in diesem Unterkapitel sind zur Gänze dem Kapitel 5 in DIERSCHKE (1994; 148-174) entnommen.

Eine Vegetationsaufnahme ist auf der einen Seite das Verfahren pflanzensoziologischer Datensammlung in Pflanzenbeständen und auf der anderen Seite das Resultat des Verfahrens, also der Datensatz des Bestandes. Mein Ziel bei diesem Arbeitsschritt ist die Aufnahme sämtlicher spontan auftretender Pflanzenarten. Dieser Datensatz ermöglicht es, mit der Methode der Zeigerarten nach Ellenberg (vgl. 4.1.4) Rückschlüsse auf verschiedene Standortfaktoren zu ziehen. Zusätzlich umfasst eine Vegetationsaufnahme auch die Erhebung von Störungen, welchen eine entscheidende Rolle bei der Auswahl der Zielarten zufällt. Zudem kann nur durch eine vollständige Vegetationsaufnahme sichergestellt werden ob geschützte Pflanzenarten bereits auf der Fläche auftreten.

Das eigentliche Aufnahmeverfahren ist in mehrere Schritte gegliedert:

Vorarbeit:

- Vorerkundung des Gebietes
- Festsetzung des Aufnahmezeitpunktes
- Auswahl und Abgrenzung der Aufnahmeflächen

Feldarbeit:

- allgemeine Datensammlung
- pflanzensoziologische Datensammlung
- ggf. erweiterte Datensammlung

Grundlage für eine effiziente Vegetationsaufnahme sind die Vorerkundung des betreffenden Gebietes sowie die Erstellung eines Arbeitsplanes. Dazu sollten zuerst, soweit möglich, allgemeine

Daten zur Landschaft, wie Klima, Relief, Gesteine, Böden und Landschaftsteile sowie die Einflüsse des Menschen, ggf. auch aus historischer Sicht, in Erfahrung gebracht werden. Darüber hinaus sollten bereits vorhandene relevante Daten beschafft werden. Als Orientierungsgrundlage sollte Karten- oder Luftbildmaterial organisiert werden. Diese Schritte sind ebenfalls Grundlage für die weiteren Aspekte der Datenerhebung.

Der Zeitpunkt der Vegetationsaufnahme ist für mein Vorhaben von untergeordneter Wichtigkeit. Es ist für die weiteren Schritte nicht sehr relevant, wenn einzelne Arten nicht aufgenommen werden: Dass geschützte oder gefährdete Arten auftreten, ist eher unwahrscheinlich und das aufgenommene Artenspektrum ermöglicht auch unvollständig eine Interpretation der Standortbedingungen mit der Methode der Zeigerwerte nach Ellenberg. Darum ist es ohne weiteres möglich, dass ich mich der Einfachheit halber auf eine Aufnahme beschränke. Diese soll, den Empfehlungen von DIERSCHKE (1994; 149) entsprechend ab Juni erfolgen und meinen eigenen Erfahrungen in der Vegetationskartierung zufolge spätestens Mitte August abgeschlossen sein.

Grundvoraussetzung für die Wahl der Aufnahmeflächen ist das visuelle Erkennen und Differenzieren verschiedener Bestände auf dem Areal, sofern kein homogener Vegetationsbestand vorliegt. Natürlich ist dabei zu beachten, dass die Grenzen zwischen den Gesellschaftsmosaiken oft fließend sind. Darum sollten für die Aufnahme möglichst homogene Bereiche abgegrenzt werden. Die Größe dieser Bereiche variiert mit ihrer Beschaffenheit. So empfiehlt DIERSCHKE (1994; 151) für diverse Grünlandgesellschaften 10-25m² Aufnahmefläche und für Ruderalvegetation oder Gebüsche 25-100 m² Aufnahmefläche. Längliche Gebüsche oder Hecken sollen auf einer Länge von 30-50 m aufgenommen werden. Da in meinem Fall nicht die Identifizierung von Pflanzengesellschaften, sondern die Aufnahme möglichst vieler Arten im Vordergrund steht, werde ich eher eine größere Aufnahmefläche wählen. Der Nachteil, dass bei einer größeren Aufnahmefläche verstärkt zufällig eingesprengte Pflanzen mit aufgenommen werden, die das Gesamtbild verzerren, fällt bei meinen Zielen nicht ins Gewicht, da auch die Zeigerwerte zufälliger Einsprengsel relevant sind und eine größere Aufnahmefläche die Wahrscheinlichkeit, bereits bei der Artenaufnahme potentielle Zielarten zu identifizieren erhöht. Folglich lege ich als Richtgröße 100 m², also ein 10x10 m Quadrat, fest. Insofern ein Areal nicht außergewöhnlich groß ist (etwa über 1ha Freiflächen), sollte eine Stichprobe dieser Flächengröße pro Vegetationsbestand genügen.

Der erste Schritt der Feldarbeit ist es, allgemeine grundlegende Daten über die Aufnahmefläche zu notieren und sich so einen ersten Überblick vor Ort zu verschaffen und die Fläche auf der Karte oder dem Luftbild zu markieren. In meinem Fall sind hier folgende Daten relevant oder könnten sich später als relevant erweisen (Aufnahmebogen siehe 4.2.1):

- Nr. und Datum
- Ortsbezeichnung
- allgemeine Charakterisierung des Geländes (z. B. Höhenlage, Exposition, Relief, Mikrorelief)
- erkennbare Bodeneigenschaften (z. B. Stauwasser, Trockenheit)
- Mikroklima (z. B. Schattlage, Windexposition)
- erkennbare natürliche und anthropogene Störungen
- Form der Pflege
- Form und Größe der Aufnahmefläche
- Form und Größe des Bestandes
- Sonstiges (z. B. Totholz, Steine etc.)

- allgemeine Benennung des Bestandtyps
- Dichte und Deckungsgrad der Vegetationsschichten
- ggf. Bestandsalter

Anschließend wird die eigentliche Vegetationsaufnahme begonnen. Dabei wird zwischen qualitativen und quantitativen Bestandsdaten unterschieden. In meinem Fall sind die qualitativen Bestandsdaten (z. B. Entwicklungszustand, Vitalität, Fertilität) von untergeordneter Wichtigkeit. Da jedoch nicht absehbar ist, ob der Zustand des Bestandes Hinweise auf Störungen geben könnte und der zusätzliche Aufwand überschaubar ist, werde ich, im reduzierten Ausmaß, auch qualitative Daten erheben. Die eigentliche Aufnahme ist eine Liste aller auf der Aufnahmefläche auftretenden Arten, getrennt nach Schichten. Dabei sind zumindest die Gefäßpflanzen vollständig zu erfassen.

Bezüglich der quantitativen Daten ist für mich vor allem die Abundanz der Arten von Bedeutung. Der Deckungsgrad ist für die Auswertung der Zeigerwerte wenig relevant, da die Individuenzahl aussagekräftiger für die Standortbedingungen ist und Verzerrungen vermieden werden, die dadurch entstehen könnten, dass wenige Individuen einen hohen Deckungsgrad erreichen. Folglich werde ich die Abundanz einzelner Arten mit der fünfstufigen Braun-Blanquet-Abundanz-Skala festhalten:

1: sehr spärlich auftretend

2: spärlich auftretend

3: wenig zahlreich auftretend

4: zahlreich auftretend

5: sehr zahlreich auftretend

Die Artenaufnahme mit dieser Skala, die auf Schätzung beruht, ist eine einfache Möglichkeit, einen Überblick über den Bestand zu erhalten. Genaue Zählungen oder Messungen sind sehr aufwendig und werden darum in der Regel nur für spezielle Fragestellungen, wie Strukturanalysen oder Sukzessionsuntersuchungen, angewendet.

Bei den qualitativen Daten werde ich mich darauf beschränken, gegebenenfalls festzuhalten, ob eine Art Veränderungen der Vitalität, wie kümmerlichen Wuchs, Schäden durch Insekten oder Pilzbefall, Vergilbungen, Seneszenserscheinungen oder Nekrosen aufweist.

4.1.3 Lokale Besonderheiten und Schutzziele

Dieses Unterkapitel behandelt die naturschutzfachlichen und vegetationsökologischen Datengrundlagen meiner Arbeit. Die naturschutzfachliche Datengrundlage ist das bayerische Arten- und Biotopschutzprogramm auf Landkreisebene. Als vegetationsökologische Datengrundlage behandle ich hier die potentielle natürliche Vegetation. Diese ist jedoch nur als erster Anhaltspunkt für die Standortbedingungen anzusehen, dessen Gewicht in der konkreten Planung von Maßnahmen eher untergeordnet sein dürfte, da die Zeigerwerte der auftretenden Pflanzenarten (vgl. 4.1.4) diesbezüglich auf den häufig stark überprägten Unternehmensarealen ein genaueres Bild geben.

4.1.3.1 Das Arten und Biotopschutzprogramm

Die Informationen über das Arten- und Biotopschutzprogramm sind zur Gänze der Internetseite des LfU (LFU: 2014) entnommen.

Das Arten- und Biotopschutzprogramm (ABSP) ist ein naturschutzfachliches Konzept auf Grundlage der Biotop- und Artenschutzkartierung. Flächen mit erhöhtem naturschutzfachlichem Wert werden dabei analysiert und bewertet, um regionale Ziele und Maßnahmenvorschläge im Hinblick auf den Erhalt der biologischen Vielfalt, zu ermitteln. Zentrale Fragen sind dabei, für welche Arten der jeweilige Landkreis besondere Verantwortung trägt und welche Flächen und Gebiete dafür wichtig sind. Das Programm wurde 1985 durch Beschluss des Landtags begründet und wird seitdem bayernweit einheitlich für Städte und Landkreise angewendet. Derzeit ist eine Aktualisierung und digitale Aufbereitung der Daten in Arbeit und wurde für 46 Kreise und 3 Städte bereits abgeschlossen. Zur besseren Einsehbarkeit der Daten gibt es ein spezielles Programm ("ABSP-View", Abbildung 3)

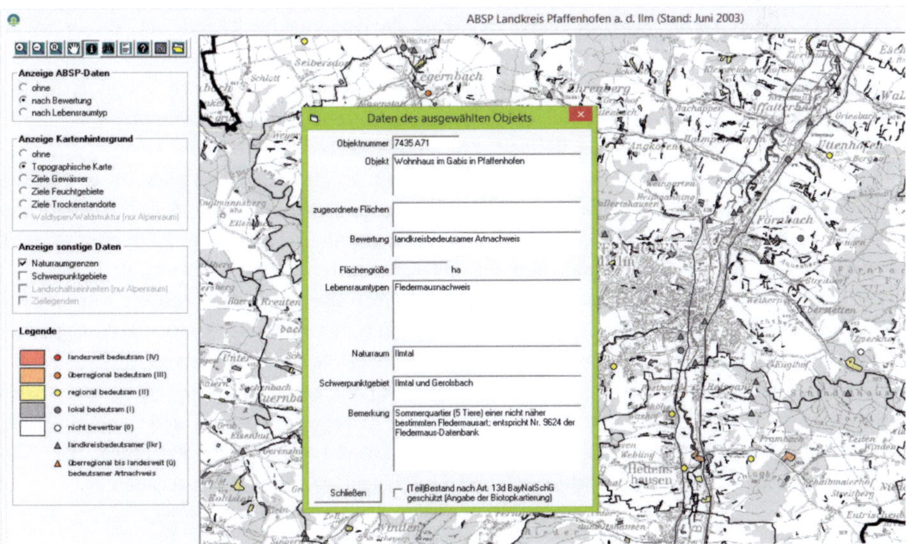

Abbildung 3: Beispielhafter Screenshot des Programmes "ABSP-View"

Die wichtigsten Grundlagen für die Ausarbeitungen des ABSP sind die Biotopkartierung und die Artenschutzkartierung. Die darin enthaltenen Objekte (Flächen und Punkte) werden in einer vierstufigen Skala entsprechend der Bezugsfläche ihrer Bedeutung eingeordnet:

- „landesweit bedeutsam" sind Lebensräume mit bayernweiter Bedeutung für den Arten- und Biotopschutz, z. B. Vorkommen von in Bayern vom Aussterben bedrohten Pflanzen- oder Tierarten
- „überregional bedeutsam" sind Lebensräume mit für den Naturraum überdurchschnittlicher Ausstattung bzw. mit besonderen Vorkommen in Bayern stark gefährdeter Tier- und Pflanzenarten

- „regional bedeutsam" sind für den Naturraum gut strukturierte Lebensräume z.T. mit Vorkommen gefährdeter Arten
- „lokal bedeutsam" sind Lebensräume mit Trittsteinfunktion im Biotopverbund

Bestand und Bewertung der naturschutzfachlich relevanten Objekte werden auf einer topografischen Karte im Maßstab 1:25.000 dargestellt, über die folgende Schichten gelegt sind:

- die wichtigsten Lebensraumtypen (farbig)
- naturschutzfachliche Bewertung (Schraffur)
- Beschriftungsfeld mit Objektnummer, Bewertung und Informationen zu den drei wichtigsten Lebensraumtypen.

Alle diese Informationen können auch über das Programm ABSP-View abgerufen werden. Ausgenommen sind aufgrund mangelnder Datenlage in der Regel Wälder.

Ergänzend zu den Karten liegt für jeden Landkreis ein umfassender Textteil vor. Dieser ist im Programm ABSP-View in Form von PDFs direkt mit der Kartendarstellung verlinkt, wodurch ein direkter Bezug zwischen Text und Karte besteht. In den Textteilen finden sich jeweils im ersten Kapitel allgemeine Angaben zum jeweiligen Landkreis, wie Geologie, Klima, Landschaftsgeschichte, naturräumliche Gliederung sowie Bestand an Schutzgebieten. Im zweiten Kapitel wird das vorliegende Wissen um Pflanzen- und Tierarten jeweils artbezogen dargestellt und es werden entsprechende Ziele und Maßnahmen erläutert. Zusätzlich werden die Gefäßpflanzen und Tiergruppen aufgelistet, die für den Naturschutz auf Kreisebene von besonders bedeutsam sind. Im dritten Kapitel werden der Bestand und die Entwicklungstrends der landkreisweit wichtigsten Lebensraumtypen zusammengefasst dargestellt und überregional und landesweit bedeutsame Einzelobjekte beschrieben. Im vierten Kapitel wird die naturschutzfachliche Situation in ökologischen Raumeinheiten bewertet. Im Fokus ist dabei insbesondere die Entwicklung von Einzelzielen für Schwerpunktgebiete des Naturschutzes. Das fünfte Kapitel befasst sich mit den vordringlich erforderlichen Schutzmaßnahmen, vorgeschlagenen Schutzgebieten und notwendigen Untersuchungen. Im letzten Kapitel finden sich Erläuterungen zum Kartenteil, die die Vorgehensweise der Bewertung erörtern und und die genauen Inhalte der Karte schildern.

4.1.3.2 Potentielle natürliche Vegetation

Die potentielle natürliche Vegetation (PNV) sind die Schlussgesellschaften[14], wie sie sich bei *derzeitigen* Standortverhältnissen nach vegetationsdynamischen Kenntnissen entwickeln würden. Sie repräsentiert also weder die ursprüngliche Vegetation, wie sie an einem Standort vor Eingriff des Menschen bestand, noch diejenige Schluss- oder Dauergesellschaft, die sich in der dazu notwendigen Zeit aus der aktuellen Vegetation tatsächlich real entwickeln würde (DIERSCHKE: 1994; 445). Eine Aussage zur Vegetation ohne anthropogenen Einfluss oder zu tatsächlichen Schlussgesellschaften zu treffen ist aus folgenden Gründen nicht möglich oder sinnvoll:

- Mitteleuropäischen Landschaften werden bereits seit Jahrtausenden anthropogen überprägt (BAYERISCHES STAATSMINISTERIUM FÜR LANDESENTWICKLUNG UND UMWELTFRAGEN: 2003; 3).

---

[14] Die „Schlussgesellschaft" ist das Endstadium der Sukzessionsfolge an einem Standort. Auch „Klimaxgesellschaft" (ULRICH & KLUGE: 2012; 464).

- Das mitteleuropäische Klima veränderte sich in diesem Zeitraum signifikant (BAYERISCHES STAATSMINISTERIUM FÜR LANDESENTWICKLUNG UND UMWELTFRAGEN: 2003; 3).
- In diesem Zeitraum veränderte sich auch die Zusammensetzung der Pflanzen- und Tierarten. Häufig ist nicht bekannt, welche Rolle der Mensch bei der Neuansiedlung oder dem Aussterben einzelner Arten spielte (BAYERISCHES STAATSMINISTERIUM FÜR LANDESENTWICKLUNG UND UMWELTFRAGEN: 2003; 3).
- Alle nutzungsbeeinflussten bzw. nutzungsbedingten Vegetationseinheiten blieben bei einer Rekonstruktion der Vegetation ohne menschlichen Einfluss unberücksichtigt. Viele von diesen sind heute vorrangig schutzwürdig (z. B. Halbtrockenrasen, Streuwiesen) (BAYERISCHES STAATSMINISTERIUM FÜR LANDESENTWICKLUNG UND UMWELTFRAGEN: 2003; 3).
- Für die Prognose der tatsächlichen Vegetation am Ende einer vom Menschen unabhängigen Sukzession[15] müsste die natürliche Veränderung der Standortbedingungen und der Flora mit einbezogen werden (DIERSCHKE: 1994; 445).

Die Klimaxgesellschaften in Mitteleuropa bei Aussetzung der menschlichen Nutzung sind heute zumeist verschiedene Waldgesellschaften. Es besteht jedoch die Möglichkeit, diesen Waldgesellschaften anthropogene Pflanzengesellschaften als sogenannte Ersatzgesellschaften zuzuordnen (z. B. Halbtrockenrasen zum Kalk-Buchenwald) (BAYERISCHES STAATSMINISTERIUM FÜR LANDESENTWICKLUNG UND UMWELTFRAGEN: 2003; 3). Diese Ersatzgesellschaften sind in der Regel naturschutzfachlich wertvolle, anthropogene Pflanzengesellschaften, die sich in der Landnutzungsgeschichte auf den entsprechenden Standorten etablierten.

Trotz seines hypothetischen Charakters bestehen für das Konzept der PNV im Naturschutz oder der Forstwirtschaft umfangreiche Anwendungsmöglichkeiten. So lässt sich aus dem Unterschied zwischen der PNV und der aktuellen Vegetation der Grad der menschlichen Einflussnahme abschätzen. Im Waldbereich kann auf Basis der PNV eine standortgerechte Bestockung stattfinden, die gemeinhin als besonders stabil angesehen werden kann. Im Rahmen dieser Arbeit ist vor allem relevant, dass bei der Pflege und Neuschaffung von Lebensräumen auf Grundlage der PNV sinnvolle Ziele und geeignete Maßnahmen definiert werden können. Bei Biotopneuschaffungen sollten darum möglichst Lebensraumtypen entwickelt werden, die der PNV bzw. den jeweiligen Ersatzgesellschaften eines Gebietes entsprechen (BAYERISCHES STAATSMINISTERIUM FÜR LANDESENTWICKLUNG UND UMWELTFRAGEN: 2003; 3).

Die Karte der potentiellen natürlichen Vegetation Bayerns ist im Maßstab 1:500.000 kostenlos auf der Homepage des bayerischen Landesamtes für Umwelt verfügbar (http://www.lfu.bayern.de/natur/potentielle_natuerliche_vegetation/doc/pnv_500_bayern.pdf).

4.1.4 Die Methode der Zeigerarten nach Ellenberg und ihr ökologischer Hintergrund

Wie in 4.1.3.2 erwähnt, sollten bei Biotopneuschaffungen im Hinblick auf die Stabilität des Ökosystems und den zu erwartenden Pflegeaufwand, möglichst Lebensräume entwickelt werden, die

---

[15] „Sukzession" ist die zeitliche Abfolge verschiedener Pflanzengesellschaften an einem Standort (Ulrich & Kluge: 2012, 464).

der potentiellen natürlichen Vegetation (PNV) oder der jeweiligen Ersatzgesellschaft entsprechen. Da die Karte der PNV im Maßstab 1:500.000 jedoch sehr grob ist, kann dies nur ein erster Anhaltspunkt für die Standortbedingungen sein. Für eine detaillierte Abschätzung der jeweiligen Standortbedingungen besteht eine einfache Möglichkeit darin, die spontane Flora einer Untersuchungsfläche entsprechend ihrer Standortpräferenzen, dem sogenannten „ökologischen Verhalten", zu analysieren. Als bewährtes Werkzeug für diese Analyse steht das System der Zeigerwerte von Pflanzen nach ELLENBERG et al. (1992) zur Verfügung.

Dieses System basiert auf der Annahme, dass Arten bezüglich verschiedener Umweltfaktoren[16] eine artspezifische Toleranz[17] aufweisen. Diese Toleranz definiert die potentielle Nische, die eine Art besetzen kann (Fundamentalnische). Durch das Konkurrenzausschlussprinzip[18] wird die Art jedoch auf ihre reale Nische zurückgedrängt. Diese definiert den Bereich, in dem die Art bezüglich eines oder mehrerer Umweltfaktoren so optimal angepasst ist, dass sie dem Konkurrenzdruck standhalten und sich etablieren kann. Eine Art hat also ein „ökologisches Verhalten" bezüglich der Eigenschaften des Standortes, an dem sie etabliert ist (ELLENBERG et al.: 1992; 11). Den Begriff „Verhalten" halte ich an dieser Stelle jedoch für irreführend, da er suggeriert, eine Pflanze würde sich aktiv den Standort aussuchen, der ihren Ansprüchen entspricht. Es verhält sich jedoch genau umgekehrt: Eine Art wird durch Konkurrenzausschluss auf den Standort zurückgedrängt, der ihren Ansprüchen mehr oder weniger optimal entspricht.

In der Liste der Zeigerwerte wurden Beobachtungen des „ökologischen Verhaltens" von Pflanzenarten bezüglich einiger direkt wirksamer Standortfaktoren in Klassen (den Zeigerwerten) eingeteilt. So steht beispielsweise eine Unterwasserpflanze für die Feuchtezahl 12 und ein „Starktrockniszeiger" für die Feuchtezahl 1 (ELLENBERG et al.: 1992).

Zu beachten ist, dass Aussagen, die über Zeigerwerte getroffen werden keine, vollständige Sicherheit über die Standortbedingungen geben. Es sind lediglich Hinweise auf diese. So besteht beispielsweise die Möglichkeit, dass Pflanzen, die einen stark durchfeuchteten Boden benötigen, in niederschlagsreichen Regionen auch auf humusarmen Kies auftreten können. Ein weiterer zu beobachtender Effekt ist, dass manche Standortbedingungen schwerer wiegen als andere. So können zum Beispiel auf feuchten Weiden Stickstoffzeiger dominieren, die eher Zeiger für mittelfeuchte Böden sind, jedoch aufgrund des Nährstoffreichtums die typischen Feuchtezeiger verdrängt haben (ELLENBERG et al.: 1992; 25). Letzten Endes kann auch die genetische Variation innerhalb der Arten dazu führen, dass sich die reale Nische in eine bestimmte Richtung verschiebt und Pflanzen an untypischen Standorten auftreten (ELLENBERG et al.: 1992; 26).

Grundsätzlich weist ELLENBERG et al. (1992; 26/27) darauf hin, dass die Zeigerwerte nur für das westliche Mitteleuropa anwendbar sind.

---

[16] „Umweltfaktoren" sind alle biotischen und abiotischen Außenbedingungen, die auf Organismen einwirken (ULRICH & KLUGE: 2012; 480). Abiotische Umweltfaktoren sind etwa Licht, Wasser, Mineralstoffe, Kohlendioxyd, Temperatur oder Relief (ULRICH & KLUGE: 2012; 479), biotische Umweltfaktoren sind diejenigen Bedingungen die aus der Koexistenz verschiedener Arten oder Individuen entstehen, wie Prädation, Konkurrenz, Symbiosen (ULRICH & KLUGE: 2012; 512 f.).

[17] Die „ökologische Toleranz", auch „ökologische Amplitude", bezeichnet eine artspezifische Kombination von verschieden ausgeprägten Umweltfaktoren, innerhalb derer eine Art zu vegetieren vermag (DENFER ET AL.: 1978; 185 f.).

[18] Vollständige Verdrängung oder Auslöschung einer Art durch eine andere (Hardin: 1960 In: MARTIN & ALLGAIER: 2011; 123).

4.2 Umsetzung der Datenerhebung

In diesem Unterkapitel beschreibe ich, wie ich die in 4.1 erläuterten Grundlagen in der Praxis umsetze. Ich beschreibe zunächst den Aufbau des Aufnahmebogens und erkläre anschließend, wie ich die Methode der Zeigerarten nach Ellenberg anwende.

4.2.1 Aufnahmebogen

Entsprechend der Erläuterungen in 4.1.1 habe ich den Aufnahmebogen für die Kartierung der Vegetation auf den Beispielflächen erstellt (Abbildung 4).

Bei der Artenliste werde ich mich aus Platzgründen gegebenenfalls auf Artenkürzel aus den ersten drei Buchstaben der Gattung und den ersten vier Buchstaben der Art beschränken (z. B. Fraxinus excelsior = Fra.exce). „S" ist die Abkürzung für „Schicht": Hier wird die Abkürzung für die Schicht notiert in der die jeweilige Art auftritt. Folgende Abkürzungen verwende ich dabei: Bs =Baumschicht, Sts=Strauchschicht, Ks=Krautschicht, Kl=Keimlinge, UK=Untere Krautschicht, MK=Mittlere Krautschicht, OK=Obere Krautschicht. „A" ist die Abkürzung für Abundanz. Hier verwende ich das in 4.1.1 erwähnte Schema nach Braun Blanquet (1: Sehr spärlich auftretend, 2: Spärlich auftretend, 3: Wenig zahlreich auftretend , 4: Zahlreich auftretend, 5: Sehr zahlreich auftretend)

Zusätzlich werde ich den Gesamtbestand sowie die Lage und Form der Aufnahmefläche auf dem Luftbild zu markieren und Fotos aufnehmen.

Anzumerken ist, dass ich mich im Fall von gärtnerisch geprägten Gesellschaften (z. B. Blumenbeete) darauf beschränken werde, die spontan auftretenden Arten aufzunehmen.

Ortsbezeichnung:_______________________________________

Aufn.Fl. Nr.	Aufnahmefläche Größe&Form	Datum
z.B. 1.1	z.B. 20x5m Rechteck	
Höhenlage	Mikroklima	Exposition
	z.B. Schattlage, Windeinfluss	

Charakterisierung des Geländes und der sichtbaren Bodeneigenschaften:

z.B. Relief, Mikrorelief Stauwasser, Trockenheit

Natürliche und anthropogene Störungen/Pflege:

z.B. Windwurf, Ablagerungen, Mahd

Form, Größe und Typ des gesamten Bestandes

z.B. 1000m² Ruderalflur im Östlichen Teil des Areals. Ca. 3 Jahre Sukzession.

Beschreibung der Umgebung und Anmerkungen

z.B. Grenzt im W an Auwald, im N und O an Maisfeld und Parkplatz. Etwas Totholz vorhanden, Findling im NO-Teil.

Schicht	Deckung in %		Wuchshöhe in m	
Baumschicht				
Strauchschicht				
Krautschicht				
Mooschischt		%	Wasserflächen	%

Vitalität des Bestandes

z.B. kümmerlicher Wuchs, Schäden durch Insekten oder Pilzbefall, Vergilbungen, Seneszenserscheinungen oder Nekrosen

Art	S	A	Art	S	A
Urtica dioica	OK	4			
Bellis perennis	UK	3			
Acer platanoides	Sts	3			

Abbildung 4: Aufnahmebogen mit Anmerkungen und Beispielen

4.2.2 Anwendung der Methode der Zeigerarten nach Ellenberg

Aufgrund der in 4.1.4 erwähnten möglichen Variationen und Fehlerquellen bei der Auswertung von Zeigerwerten empfiehlt Ellenberg et al. (1992; 26), die Zeigerwerte der aufgenommenen Arten so aufzulisten, dass sie verglichen werden können. Es ergibt sich in der Regel ein mehr oder weniger homogenes Bild. Abweichungen, die nicht durch kleinsträumig besondere Bedingungen erklärt werden können, sollten bei der Analyse der Zeigerwerte außen vor gelassen werden. Ich habe die aufgenommenen Arten, die Schicht in der sie auftreten und deren Zeigerwerte jeweils nach Strukturtypen geordnet und tabellarisch aufgelistet. So ließen sich die Zeigerwerte für die einzelnen Standortfaktoren gut vergleichen. Im Falle meiner Vegetationsaufnahmen zeigte sich meist ein relativ homogenes Bild der Zeigerwerte. Jedoch wiesen insbesondere die Stickstoffzahlen auf manchen Flächen eine sehr große Amplitude auf. In diesen Fällen habe ich mich darauf beschränkt tendenzielle Einschätzungen anzugeben. In manchen Fällen fanden sich zudem einzelne Arten, deren Zeigerwerte bezüglich einzelner Faktoren nicht zur Tendenz der Zeigerwerte der übrigen Arten auf der Fläche passten. Ich habe diese Umstände in der Auswertung zwar erwähnt und Erklärungsversuche angegeben, jedoch flossen die singulär abweichenden Zeigerwerte nicht mit in die Einschätzung der Standortbedingungen ein.

In Kapitel 6 widme ich mich jeweils in einem Abschnitt für jede der Untersuchungsflächen den einzelnen Strukturtypen und deren Standortbedingungen. Darin liste ich die verschiedenen identifizierten Strukturtypen, bzw. Oberflächenbedeckungsarten alphabetisch auf und beschreibe die Artenzusammensetzung sowie die allgemeine Situation der Aufnahmefläche im Hinblick auf relevante Faktoren. Dies ist neben Terrain, Form und Größe der Fläche, Wuchshöhe und Deckungsgrad der Vegetation, beispielsweise auch die Abschattung durch Gebäude, etwaige Nutzung oder Objekte auf der Fläche. Anschließend leite ich aus der Summe der Zeigerwerte der jeweils auftretenden Arten die Standortfaktoren ab und diskutiere sie gegebenenfalls im Hinblick auf Ursachen. Abschließend fasse ich die daraus gewonnenen Erkenntnisse zusammen und treffe jeweils allgemeine Aussagen über die Standortfaktoren auf den gesamten Unternehmensarealen.

5 Best Practice: *Roche Diagnostics*, Penzberg (Obb.)

Auf einer lokalen Veranstaltung, bei der sich mehrere Unternehmen aus der Region vorstellten, wurde ich auf das Umweltmanagement von *Roche* aufmerksam. Insbesondere die naturnahe Gestaltung der Regen- und Drainagewasserrückhaltung und die Lage des Werkes in einem ökologisch sensiblen Gebiet bewogen mich dazu, den Standort als Best Practice-Beispiel für meine Arbeit zu besichtigen.

Am Dienstag, den 3. Juni 2014 besichtigte ich die Niederlassung von *Roche Diagnostics* in Penzberg im Landkreis Weilheim-Schongau. Während meines etwa vierstündigen Besuches begleiteten mich der Gewässer- und Strahlenschutzbeauftragte des Werkes Torsten Sause sowie ein weiterer Mitarbeiter. Sie zeigten mir alle relevanten Bereiche, erklärten ausführlich die Standortbesonderheiten und beantworteten meine Fragen umfassend. Der folgende Text basiert, sofern nicht anders gekennzeichnet, auf diesen mündlichen Auskünften.

Der Standort Penzberg ist der zweitgrößte Standort des schweizerischen Diagnostik Unternehmens *Roche* in Deutschland. Die Niederlassung befindet sich auf einem ehemaligen Bergwerksgelände, auf dem bis Ende der 1960er Jahre Kohlebergbau betrieben wurde. Dies ist aus mehrerlei Gründen ein problematischer Standort:

Auf der einen Seite liegt das heute gut 40 ha umfassende Gelände im Bereich eines ökologisch sensiblen Moorgebietes und ist Teil der naturräumlichen Einheit „Ammer-Loisach-Hügelland und Lech-Vorberge", das zu den 30 wichtigsten Zentren der Artenvielfalt in der Bundesrepublik Deutschland zählt. Im Arten und Biotopschutzprogramm für den Landkreis Weilheim-Schongau wird die Region wie folgt umschrieben: *"In seiner Ausstattung an wertvollen Lebensräumen und Landschaften nimmt der Landkreis WM-SOG bayernweit eine Spitzenstellung ein. Für alle Flächen, die als überregional oder landesweit bedeutsam eingestuft wurden, ist eine naturschutzrechtliche Sicherung in Betracht zu ziehen."* (BUND NATURSCHUTZ KREISGRUPPE WEILHEIM-SCHONGAU: 2014).

Andererseits ist durch die Lage auf einem ehemaligen Bergbaustandort ein regelmäßiges Monitoring im Hinblick auf Bodenbelastung, Schadstoffe und Stabilität durchzuführen. Durch diese Umstände müssen sämtliche Entwicklungen auf dem Gelände mit der unteren Naturschutzbehörde abgestimmt werden.

1972 wurde das Areal vom deutschen Pharmahersteller Boehringer Mannheim aufgekauft. Dieser wurde 1998 durch *Roche Diagnostics* übernommen. Seitdem wuchs der Standort stetig. Zum Zeitpunkt der Übernahme waren etwa 1200 Personen hier angestellt, mit 5500 MitarbeiterInnen sind es heute ein knappes Viertel der weltweiten Belegschaft des Unternehmens, womit *Roche* einer der wichtigsten Arbeitgeber in der Region ist. Arbeitsschwerpunkte sind Forschung und Wirkstoffherstellung im Bereich Krebsmedikation. Aus behördlicher Sicht ist der Betrieb ein Chemiestandort. Daraus ergeben sich zahlreiche Auflagen, insbesondere im Hinblick auf Wasseraufbereitung. Im gesellschaftlich sensiblen Bereich Chemieindustrie ist das Image eines Werkes extrem wichtig: Zum einen muss die Akzeptanz der lokalen Bevölkerung gegeben sein und schlechte Presse vermieden werden, zum anderen unterliegt die interne Vergabe neuer Aufträge einer starken Konkurrenz zwischen den *Roche*-Standorten: Die Vergabe erfolgt nach einem Punktesystem, in dem insbesondere Wert auf Umweltschutz gelegt wird, weshalb die einzelnen Standorte nicht nur im Hinblick auf wirtschaftliche, sondern auch im Hinblick auf Umweltbelange konkurrieren. So wurden beispielsweise in Penzberg sämtliche Parkplatzflächen auf dem Betriebsgelände entsiegelt, Feuerwehrzufahrten mit Rasengittersteinen angelegt sowie die Rasenflächen in 2 bis 4-schürige Wiesen umgewandelt. Im Hinblick auf Abwasser wurde am Standort eine vierfache Trennung eingerichtet. Getrennt wird in hochbelastetes Abwasser, belastetes Abwasser, Fäkalwasser und Regenwasser, wobei die verunreinigten Abwässer in einer betriebseigenen Kläranlage aufbereitet werden. Dieses System ist bei der zuständigen EU-Behörde in Sevilla als "Best available Technology" gemeldet. Eine weitere Ausbaustufe der Aufbereitung ist bereits in Planung: Stoffe aus der Produktion sollen dann aus dem Abwasser zurückgewonnen werden. Diese Pläne bekommen jedoch widerstand aus der Chemie-Lobby: Wenn große Unternehmen mit entsprechendem Budget hohe Standards etablieren, wird es für kleinere Unternehmen schwieriger mitzuhalten.

Eine weitere Besonderheit des Wassermanagements von *Roche*, die den hohen konkurrenzbedingt hohen Umweltansprüchen zuzuschreiben ist, stellt die Regen- und Drainagewasserentsorgung dar. Aufgrund des eher feuchten Standortes muss auf dem Gelände ständig drainiert werden. Als in den 1990er Jahren die Regenwassermenge zunahm, wurde im Rahmen eines neuen Masterplanes für die Werksentwicklung beschlossen, eine Regenwasserrückhaltung einzurichten. Der ursprüngliche Vorschlag seitens der beauftragten Baufirma, im angrenzenden Nonnenwald ein Betonbecken zu installieren wurde jedoch im Hinblick auf die Erholungsnutzung des Gebietes verworfen. Stattdessen wurde beschlossen, zwei naturnah gestaltete Rückhaltebecken in den vorhandenen Erlenbruchwald zu integrieren (Abbildung 5). Die mit der Umsetzung beauftragten Baufirmen mussten dazu aus der Gewährleistung entlassen werden, da auf dem humosen Torfboden die Gefahr eines Dammbruches erhöht ist. Da die im Jahr 2000 fertiggestellte Anlage bei den Starkniederschlagsereignissen der letzten Jahre teilweise überlastet war, wurde aktuell ein neuer Regenwasserkanal mit einem Durchmesser von 2 Metern installiert. Zusätzlich soll nun die Dammkrone der Rückhaltebecken erhöht werden und so das Rückhaltevolumen von derzeit 5000 m³ erhöht werden. Das Ausmaß, in dem der Damm erhöht wird, steht derzeit noch nicht fest, da der Damm durch die ursprünglich geplante Vergrößerung als Talsperre klassifiziert würde und dementsprechend nach DIN Norm baumfrei gehalten werden müsste.

Abbildung 5: Oberes Rückhaltebecken mit Einlauf des alten Regenwasserkanals und Erlenbruchwald.

Die Planung der Rückhaltebecken war eine Kooperation der Abteilung für Umweltschutz und des Arealmanagements von *Roche* Penzberg. Zielarten gab es bei der Planung keine, jedoch wurde ein bestimmter Zielzustand angestrebt: Die Becken sollten sich ästhetisch und ökologisch in den Nonnenwald einpassen. So wird etwa sämtliches Totholz in den Becken belassen, um den Charakter des Erlenbruchwaldes zu erhalten. Das nördlich und westlich an die Rückhaltebecken angrenzende Areal ist ein naturschutzfachlich wertvolles Moorgebiet. Unter anderem ist es Lebensraum für beispielsweise Sonnentau, Waldvögelein, Bergeidechse und Kreuzotter. Die Rückhaltebecken sind über ein gut zwei Kilometer langes Gerinne der Gewässergüteklasse II mit der Loisach verbunden. Zuvor wurde das Regenwasser des Geländes direkt darüber abgeleitet. In Zeiten geringen Niederschlages fiel das Gewässer darum öfter trocken. Seit der Einrichtung der Becken führt es nun ständig Wasser. Dadurch können sich nun in der fischfreien oberen Hälfte unter anderem Köcher-

und Eintagsfliegenlarven, sowie Larven des Feuersalamanders und diverser anderer Amphibienarten entwickeln. In der unteren Hälfte ist das Gerinne zunächst durch Sand- und Kiesbänke leicht verzweigt. Dieser Abschnitt ist seit der dauerhaften Wasserführung zum Laichgebiet mehrerer Fischarten geworden. Auf den letzten hundert Metern durchfließt der Bach kanalartig landwirtschaftliches Nutzland, mit der Begleiterscheinung eines erhöhten Nährstoffeintrags. Da es an der Loisach in diesem Bereich eine stabile Biberpopulation gibt, ist damit zu rechnen, dass auch der Bach und die Rückhaltebecken in absehbarer Zeit von Bibern als Habitat erschlossen werden. Insbesondere das obere Rückhaltebecken, in dem meist eine Wassertiefe von einem knappen Meter vorliegt, könnte für die Großnager ein attraktiver, weitgehend störungsfreier Lebensraum sein. Es ist jedoch fraglich, inwiefern das an dieser Stelle toleriert werden kann, wenn Funktion und Sicherheit der Becken, etwa durch eine Wohnhöhle im Damm, beeinträchtigt würden. Schon einmal kam es 2013 auf dem Unternehmensgelände zu einem Konflikt mit dem Naturschutz: In Wasserlaken auf einer geschotterten Baufläche laichten Gelbbauchunken ab. Gemeinsam mit der unteren Naturschutzbehörde fand ein Monitoring statt und ein Baustopp wurde durchgesetzt. Durch Sukzession verlor die Fläche für die Art an Attraktivität und sie wurde im folgenden Jahr nicht mehr nachgewiesen, woraufhin die Bauarbeiten fortgesetzt werden konnten.

Das Regen und Drainagewasser wird rund um die Uhr analysiert und im Falle einer Verunreinigung nicht in die Rückhaltebecken, sondern in ein Havariebecken geleitet. Dies nicht nur notwendig, da an einem Chemiestandort eine potenziell erhöhte Gefahr solcher Verunreinigungen besteht, sondern auch, weil es an einem ehemaligen Bergbaustandort zu sackungsbedingten Leckagen kommen kann ‚aus denen belastetes Wasser in die Drainagen gelangen kann. Nachdem 2012 nach einem Brand in einem Chemiepark bei Altötting das dortige Havariebecken überlastet war und belastetes Wasser, das in die benachbarte Alz floss, was ein Fischsterben nach sich zog, wurde nun beschlossen das Havariebecken zu erweitern.

Der Bereich der Rückhaltebecken ist heute nach wie vor ein beliebter Erholungsbereich für AnrainerInnen. Bei den MitarbeiterInnen ist er jedoch weitgehend unbekannt. Ihnen stehen jedoch auf dem für die Allgemeinheit unzugänglichen Teil des Unternehmensareales mehrere nach ästhetischen Ansprüchen gestaltete Erholungsbereiche zur Verfügung. Grundsätzlich besteht für die Gestaltung der Freiflächen eine lose Prioritätenreihung: Wichtigster Aspekt ist die Funktionalität einer Fläche, anschließend wird Wert auf Ästhetik und Erholung für MitarbeiterInnen gelegt. Eine ansprechende Gestaltung ist insbesondere dahingehend wichtig, dass der Standort einen optisch ansprechenden Eindruck macht, um etwa für internationale ForscherInnen und Gäste attraktiv zu sein. Der nächstwichtige Aspekt ist derzeit eine möglichst großflächige Entsiegelung. Letzte Priorität der Gestaltung ist das Einbeziehen naturschutzfachlicher Aspekte. Dies drückt sich jedoch zumeist dadurch aus, dass auf Freiflächen, wo möglich, heimische Gehölze gepflanzt werden.

Für die Zukunft ist ein weiteres Wachstum des Standortes geplant. Als EMAS-Standort (Eco Management and Audit Scheme[19]) muss jedoch jedes Jahr eine neue Innovation im Bereich Umweltschutz und -management umgesetzt wird. Anderenfalls würde das Zertifikat aberkannt, was Nachteile für die interne Vergabe von Aufträgen mit sich brächte. Somit ist zu erwarten, dass bei *Roche* Penzberg weiterhin Wert auf ökologisch nachhaltiges Standortmanagement gelegt wird.

---

[19] EMAS ist ein von den Europäischen Gemeinschaften 1993 entwickeltes Instrument für Unternehmen, die ihre Leistung im Hinblick auf direkte und indirekte Umwelteinflüsse verbessern wollen. Ziel ist insbesondere dass sich Betriebe über die Umweltgesetzlichen Anforderungen hinaus entwickeln (EMAS: 2014).

Der Besuch bei *Roche* gab mir einen praktischen Eindruck in die Motivation eines Unternehmens, auf Umweltbelange, im weitesten Sinne, einzugehen. Die Tatsache, dass Umweltengagement, über die gesetzlichen Anforderungen hinaus, immer der Konkurrenz zu anderen Unternehmen oder Standorten geschuldet ist, scheint zwar offensichtlich, war mir in diesem Ausmaß jedoch zuvor nicht bewusst. Führt man sich die möglichen Umwelteinflüsse eines Unternehmens, gerade eines Chemiestandortes, vor Augen, ist ein unnatürlich gestaltetes Areal einer der eher wenig öffentlichkeitswirksamen. So ist die naturnahe Gestaltung des Betriebsgeländes bei *Roche* eher ein untergeordneter Teil des Umweltengagements. Und auch im Hinblick auf das Arealmanagement sind eine repräsentative Ästhetik und natürlich die Funktion des Areals wichtigere Aspekte. Es ist davon auszugehen, dass dies auch bei anderen Unternehmen eher der Fall sein dürfte. Dies legt die Vermutung nahe, dass eine Aufwertungsmaßnahme eher umgesetzt wird, wenn durch sie auch andere, als naturschutzfachliche Funktionsverbesserungen für das Areal erreicht werden können. Im Fall der Regen- und Drainagewasserrückhaltung von *Roche* Penzberg verhielt es sich sogar umgekehrt: Aus der Verbesserung der Funktion des Areals, der Wasserrückhaltung, ergab sich die Möglichkeit zu einer naturschutzfachlichen Aufwertung. Ein weiterer, im Rahmen dieser Arbeit relevanter, Aspekt ist der Umgang mit geschützten Arten auf dem Betriebsgelände: Wenn ihr Auftreten, wie im Fall der Gelbbauchunke, nicht sicherheitsrelevant ist, so bedeutet dies für das Unternehmen, sich hier einschränken zu müssen (vgl. 9.). Stellt die Art jedoch, wie im Fall der möglichen Einwanderung eines Bibers, ein Sicherheitsrisiko dar, ist es möglich, sie von der Fläche zu entfernen. Aufgrund der Größe des Standortes und der, im Gegensatz zur Nahrungsmittelproduktion, in der Bevölkerung deutlich kritischer betrachteten Branche, ist *Roche Diagnostics* Penzberg nicht unbedingt mit den Untersuchungsflächen dieser Arbeit vergleichbar. Trotzdem konnte ich einige Aspekte aufgreifen, die für die Entwicklung von Aufwertungsmaßnahmen für die Untersuchungsflächen wertvolle Hintergrundinformationen darstellen.

6 Charakterisierung der Untersuchungsflächen

In diesem Kapitel werden die untersuchten Unternehmensareale beschrieben. In den jeweiligen Unterkapiteln 6.1 (*Rapunzel*, Legau) und 6.2 (*Bergader*, Waging) gehe ich zunächst auf das Unternehmen im Allgemeinen ein, d.h. ich stelle kurz die Geschichte, Produkte, MitarbeiterInnenzahl, etc., dar. Anschließend beschreibe ich jeweils die Lage des Areals sowie die naturräumliche Einheit zu der die Flächen zählen. Außerdem gehe ich kurz auf naturschutzfachlich wertvolle Strukturen in der Umgebung ein und beschreibe die von mir bei den Vorortterminen wahrgenommenen betriebsbedingten Einflüsse und Störungen. Den größten Teil des Kapitels nimmt die Beschreibung der Ergebnisse meiner Feldarbeit ein: Die Areale auf Strukturebene. Dabei werden jeweils die Anteile bestimmter Strukturtypen angegeben und die einzelnen Typen in alphabetischer Reihenfolge beschrieben. Bei Strukturen, in denen relevante Spontanvegetation auftritt werden die jeweiligen Zusammensetzungen der Vegetation beschrieben und die Standortbedingungen der einzelnen Strukturen anhand der Zeigerwerte von Ellenberg interpretiert. Abschließend fasse ich die Standortbedingungen der Einzelflächen zu allgemeinen Aussagen über das jeweilige Areal im Hinblick auf Licht, Temperatur, Feuchtigkeit, Kontinentalität, Reaktion und Stickstoffgehalt zusammen.

6.1 *Rapunzel*, Legau

Am Montag, den 28. Juli 2014 besichtigte ich das Betriebsgelände von *Rapunzel* in Legau. Für die nötigen Untersuchungen benötigte ich etwa 7 Stunden.

Die *Rapunzel* GmbH ist ein deutsches Unternehmen, das vegetarisch-biologische Nahrungsmittel herstellt und eines der größten dieser Art in Europa ist. Das 1975 in Augsburg gegründete Unternehmen hat seit 1986 eine Niederlassung in Legau, auf dem ehemaligen Werksgelände einer Molkerei, das seitdem mehrfach erweitert wurde. Seit 2010 ist der Standort, an dem gut 300 MitarbeiterInnen arbeiten, der Stammsitz des Unternehmens (RAPUNZEL: 2014).

6.1.1 Lage und Beschreibung des Areals (allgemein)

Das Betriebsgelände von *Rapunzel* liegt am östlichen Ortsrand von Legau, einem Markt mit knapp 3200 EinwohnerInnen im Südwesten des Landkreises Unterallgäu im Regierungsbezirk Schwaben. Legau liegt auf gut 670 m ü. N.N. etwa 20 km südlich von Memmingen (vgl. Karte 1).

Naturräumlich ist das Gebiet um Legau Teil der Riß-Aitrach-Platten. Diese Altmoränenlandschaft wird östlich durch das Aitrachtal abgegrenzt in dessen östlichen Bereich Legau liegt (vgl. Karte 1). Der zum Landkreis gehörende Teil ist nur ein kleiner Teil der naturräumlichen Einheit. Hier bilden Hoch- und Niederterrassenschotter und Rißmoräne zusammen mit Fließerde-Decklehmüberlagerungen eine sanfte Oberflächenform, welche im Westen an die Oberkante der Iller-Prallhänge reicht. Die Jahresniederschläge in diesem Gebiet liegen um 1.200 mm, weshalb hauptsächlich Grünlandwirtschaft betrieben wird. Außer vereinzelten Auwaldresten und buchenreiche Leitenwälder bestehen im Naturraum nur kleinere Fichtenforste (LFU: 1999). Die Jahresdurchschnittstemperatur liegt bei 7,3°C (ClimateData.org, 2014).

Naturschutzfachlich mit bedeutendster Teilausschnitt der „Riß-Aitrach-Platten" ist das heutige Lautrachtal im Nordwesten von Legau. Weiter besteht mit dem Kohlstattbach westlich von Legau ein relativ naturnahes Fließgewässer. Angrenzend und teilweise hineinreichend in die naturräumliche Untereinheit sind die Leitenwälder der Illerleite, bzw. das gesamte Illertal, das auch die Verbundlage als überregional bedeutsam anzusehen ist. In den übrigen Bereichen der Untereinheit finden sich kaum Biotopstrukturen. Der naturschutzfachlich relevante Biotopflächenanteil liegt mit insgesamt 1,9 % deutlich unter dem bayerischen Durchschnitt von 4%. Zusammen mit der Untereinheit „Iller-Lech-Schotterplatten" ist dieser Bereich der biotopärmste Teil des Landkreises Unterallgäu (LFU: 1999).

Die potentielle natürliche Vegetation der Umgebung von Legau ist *Hainsimsen-Tannen-Buchenwald im Komplex mit Waldmeister-Tannen-Buchenwald; örtlich mit Rundblattlabkraut- oder Beerstrauch-Tannenwald sowie vereinzelt Schwarzerlen-Eschen-Sumpfwald ergänzt* (LFU: 2012).

Das Betriebsgelände selbst grenzt im Süden, im Westen und zum Teil im Norden an eher lockere Wohnbebauung mit relativ hohem Grünflächenanteil. Im Nordosten grenzt ein Acker an, im Osten eine große, eher intensiv bewirtschaftete Weide. Insgesamt macht das Gelände einen relativ ruhigen Eindruck. Lieferverkehr findet hauptsächlich im nordöstlichen Teil statt. Produktionsbedingte Einflüsse in Form von Lärm und Emissionen halten sich in Grenzen.

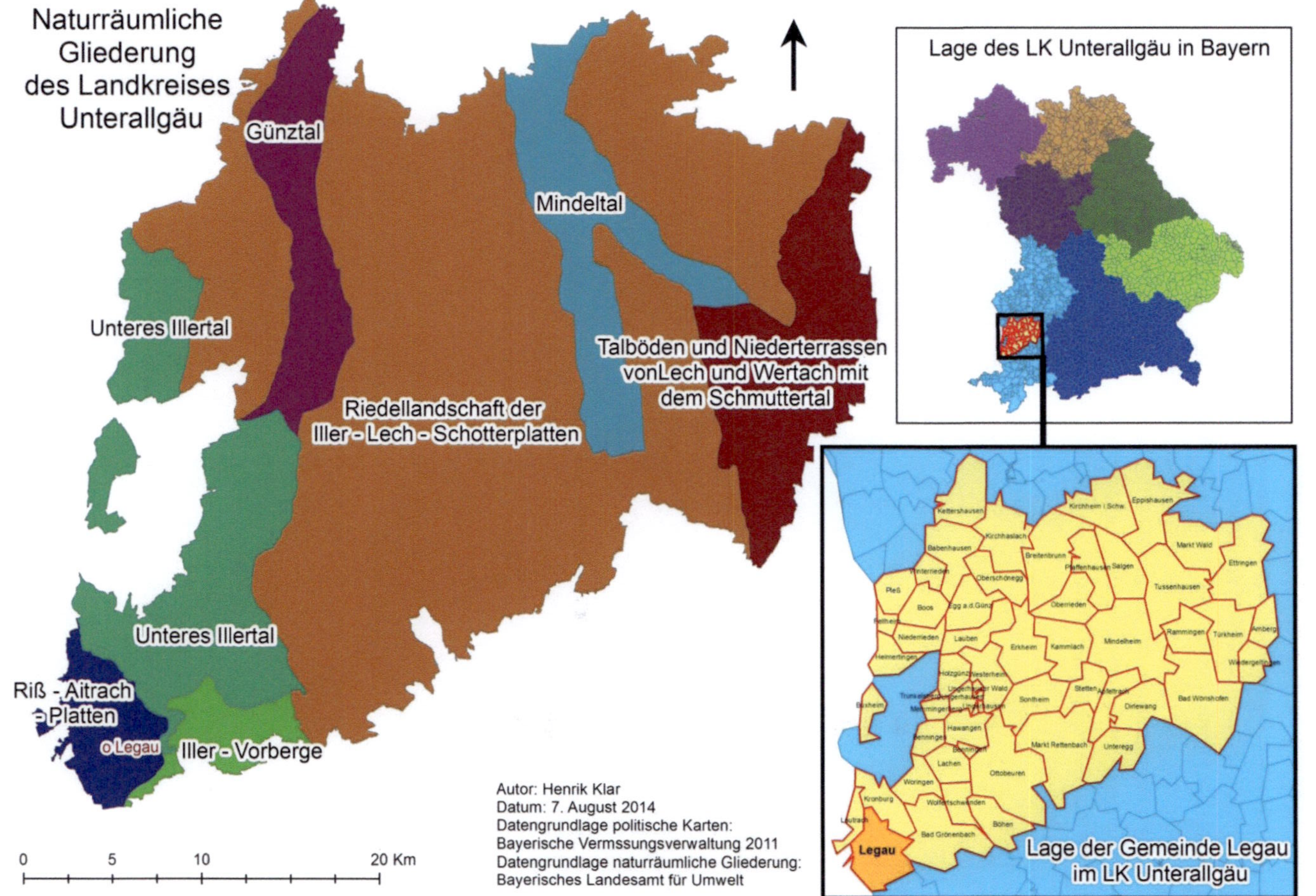

Karte 1: Lage und naturräumliche Gliederung des Landkreises Unterallgäu und der Gemeinde Legau.

6.1.2 Strukturtypen und deren Standortbedingungen

In diesem Unterkapitel werden die einzelnen Struktur- und Vegetationstypen, bzw. Oberflächenbedeckungsarten beschrieben, die ich auf dem Gelände von *Rapunzel* identifiziert habe. Diejenigen Strukturtypen, die keine oder keine relevante (Spontan-)Vegetation aufwiesen, beschreibe ich nur kurz. Bei allen weiteren Strukturtypen lege ich die Ergebnisse der Vegetationsaufnahme am 28. Juli 2014 dar und interpretiere die Zeigerwerte der auftretenden Spontanvegetation. In Abbildung 5 sind die prozentualen Anteile der verschiedenen Strukturtypen ablesbar. Die vollständige Artenliste (Anhang 3), sowie die Karte der Strukturtypen (Anhang 4) finden sich im Anhang.

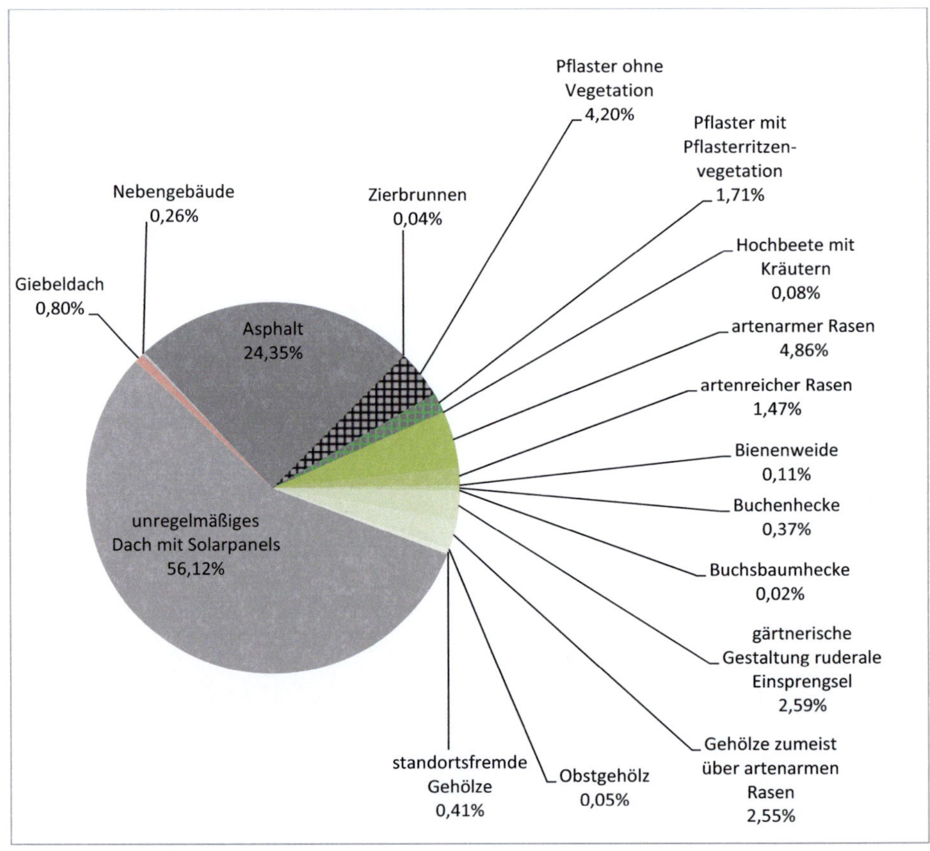

Abbildung 6: Prozentualer Anteil der verschiedenen Strukturtypen auf dem Gelände von *Rapunzel*. Gesamtfläche: ca. 3,7 ha

Abbildung 7: Aufnahmefläche für den Strukturtyp "Gehölze über zumeist artenarmen Rasen". Rechts im Bild die Aufnahmefläche für den Strukturtyp "Artenarmer Rasen".

<u>Charakteristik:</u>

Knapp 5 Prozent des Betriebsgeländes von *Rapunzel* sind artenarme Rasenflächen. Die kompakteste Fläche dieses Typs ist die Wiese südlich der Kantine (Nr. 66), auf der die Aufnahmefläche für diesen Strukturtyp liegt (Abbildung 7). Weitere größere artenarme Rasenflächen sind die Pufferstreifen im Südosten und Osten des Areals (Nr. 25 und 54).

Die Aufnahmefläche befindet sich im Zentrum einer Fläche im Süden des Areals (Nr. 66), die im Süden und Osten von Gehölzen mit einer Höhe von bis zu ca. 13m eingerahmt wird. Im Westen schließt ein 2-stöckiges Gebäude an, im Norden drei Hochbeete mit Küchenkräutern. Die Aufnahmefläche ist ein 10 mx10 m-Quadrat. Der Bereich ist eben und flach, die Vegetation hat einen Deckungsgrad von 100% und erreicht eine Wuchshöhe von bis zu 30 cm, zumeist jedoch weniger. Durch die angrenzenden Gehölze und Gebäude gibt es, je nach Tageszeit, einige schattigere Bereiche. Die Rasenfläche wird von den MitarbeiterInnen des Betriebs zu Erholungszwecken genutzt. Am Rand stehen ausklappbare Liegen, die etwa für eine Mittagsruhe auf dem Rasen aufgestellt werden können. Dementsprechend häufig wird der Rasen betreten und gemäht.

Typisch für derartige anthropogene Rasen dominieren auch hier Gräser. Zumeist dürfte es sich dabei um Zuchtsorten handeln, die ich nicht bestimmen konnte. Regelmäßig konnte ich jedoch die Blütenstände von *Poa annua* (Einjähriges Rispengras) und *Lolium perenne* (Englisches Raygras) identifizieren. Häufige Kräuter sind *Trifoliu repens* (Kriechender Klee), *Achillea millefolium* (Schafgabe, hat hier jedoch nur die unteren Blätter ausgebildet) sowie *Plantago major* (Breitwegerich) und *Plantago lanceolata* (Spitzwegerich). Dies sind erwartungsgemäß tendenziell tritt- und schnittresistente Arten.

<u>Auswertung der Zeigerwerte nach Ellenberg:</u>

Gesamtanzahl aufgenommener Arten: 11

Lichtzahl (L):

Die aufgenommenen Arten werden mit einer Lichtzahl zwischen 6 und 8 eingestuft. Dabei haben die häufigeren Arten Lichtzahlen von 7 oder 8. Somit kann abgeleitet werden, dass der Standort mindestens 30%-40% relativer Beleuchtung ausgesetzt ist und damit ein Halb- bis Volllichtstandort ist. Da die Aufnahmefläche eher im zentralen Bereich der Untersuchten Rasenfläche liegt, ist die Abschattung durch die angrenzenden Strukturen nicht so hoch.

Temperaturzahl (T)

Die meisten Arten auf der Untersuchungsfläche weisen bezüglich der Temperatur indifferentes Verhalten auf. Von den häufigen Arten hat *Lolium perenne* eine Temperaturzahl von 6. Ebenso der vereinzelt auftretende *Crepis capillaris* (Kleinköpfiger Pippau). Lediglich *Cerastium fontanum* (gewöhnliches Hornkraut), fällt mit einer Temperaturzahl von 3 aus der Reihe. Es ist folglich anzunehmen, dass es sich um einen kühlen bis mäßig warmen Standort, mit Tendenz zu mäßig warm handelt.

Kontinentalitätszahl (K)

Die Amplitude der Kontinentalitätszahl der aufgenommenen Arten liegt zwischen 2 und 5. Wobei 4 Arten als Kontinentalitätszahl eine 3, 2 Arten eine 2 und jeweils eine Art eine 4 oder 5 haben. Daraus lässt sich ableiten, dass die Kontinentalität des Standortes „zwischen ozeanisch und subozeanisch" einzuordnen ist.

Feuchtezahl (F)

Die Feuchtezahl fast aller Arten ist 5. Lediglich jeweils eine Art hat als Feuchtezahl eine 4, eine 6 oder ist indifferent. Dass hauptsächlich „Frischezeiger" auftreten spricht dafür, dass es sich hier um einen mittelfeuchten Boden handelt.

Reaktionszahl (R)

Die Mehrheit der Arten (6 Arten) weist bezüglich der Reaktion ein indifferentes Verhalten auf. Für die übrigen Arten ist für jeweils zwei Arten eine 7, für zwei eine 6 und für eine eine 5 als Reaktionszahl ausgewiesen. Der Standort ist damit als schwach basisch einzustufen.

Stickstoffzahl (N)

Bezüglich des Stickstoffgehalts im Boden liegt eine relativ große Amplitude der Stickstoffzahlen vor. Diese liegt zwischen 4 und 8. Die Stickstoffzahlen 5 (2 mal) und 6 (3 mal) treten jedoch am häufigsten auf. Anzumerken ist jedoch, dass die häufigste Art, *Poa annua*, mit einer Stickstoffzahl von 8 ein ausgesprochener Stickstoffzeiger ist. Folglich ist davon auszugehen, dass es sich um einen insgesamt betrachtet eher stickstoffreichen Standort handelt, der in Teilbereichen nur mäßig stickstoffreich ist.

Artenreicher Rasen:

Abbildung 8: Aufnahmefläche "artenreicher Rasen"

<u>Charakteristik:</u>

Gut 1,5% des Betriebsgeländes sind artenreiche Rasenflächen. Diese finden sich auf der Westseite des Geländes vor den Parkplätzen für den Werksverkauf (Nr. 14 und Nr. 15) sowie im Bereich zwischen Kantine und Haupteingang (Nr. 16, 17, 18, 19, 30, 31). Während die Rasenflächen beim Werksverkauf eher nicht genutzt oder betreten werden, gibt es auf den Flächen vor dem Haupteingang einige mit Holz bestückte Felsen, die als Sitzgelegenheiten dienen. Demensprechend werden diese Flächen teilweise betreten. Dies trifft ebenso auf die Aufnahmefläche (Abbildung 8) zu, die, um der benötigten Aufnahmeflächengröße gerecht zu werden, zum Großteil auf Fläche 30 und teilweise auf Fläche 18 liegt. In diesem Bereich finden sich ebenfalls einige Ziergehölze, die zumeist standortsfremd sind (v.a. Robinien). Die Aufnahmefläche ist zumeist umgeben von gepflasterten Wegen und Parkplätzen sowie Asphalt im Süden. Im Norden grenzt hinter einem gepflasterten Weg ein mehrstöckiges Gebäude an. Der Bereich ist recht sonnig und durch die Lage im Hof eher windstill.

Die Vegetationszusammensetzung auf der Aufnahmefläche ist tendenziell von Kräutern dominiert, die häufig relativ gleichmäßig verteilt und häufig auftreten. Die mit Abstand häufigste Art ist *Trifolium repens* (Kriechender Klee). Zahlreiche weitere krautige Arten wie *Taraxacum officinale* (Wiesen Löwenzahn), *Prunella vulgaris* (Kleine Braunelle), *Ranunculus repens* (Kriechender Hahnenfuß),

51

Medicago lupulina (Hopfenklee), *Cerastium fontanum* (Gewöhnliches Hornkraut) und *Bellis perennis* (Gänseblümchen) treten wenig zahlreich, aber regelmäßig auf. Die häufigsten Gräser, die ich bestimmen konnte (d.h. die Blütenstände waren ausgebildet), waren *Lolium perenne* (Englisches Raygras) und *Poa pratensis* (Wiesen-Rispengras). Zum Rand beim Parkplatz trat vermehrt *Nardus stricta* (Borstgras) auf. Eine Besonderheit dieser Fläche sind die vereinzelt auftretenden Exemplare von Kräutern, die für artenreiche Grünlandkulturen typisch sind (AMT DER STEIERMÄRKISCHEN LANDESREGIERUNG: 2008), wie *Leontodon hispidus* (Rauher Löwenzahn), *Hypochaeris radicata* (Ferkelkraut), *Hieracium aurantiacum* (Orangerotes Habichtskraut), *Crepis capillaris* (Kleinköpfiger Pippau), *Daucus carota* (Wilde Möhre) oder *Campanula patula ssp. Costae* (Wiesen-Glockenblume Subspezies Costae).

<u>Auswertung der Zeigerwerte nach Ellenberg:</u>

Gesamtanzahl aufgenommener Arten: 20

Lichtzahl (L):

Die aufgenommenen Arten werden mit einer Lichtzahl zwischen 6 und 8 eingestuft. Eine Lichtzahl von 6 haben nur 3 Arten. Somit kann abgeleitet werden, dass der Standort mindestens 30%-40% relativer Beleuchtung ausgesetzt ist und damit ein Halb- bis Volllichtstandort ist.

Temperaturzahl (T)

Die Hälfte der Arten auf der Untersuchungsfläche weisen bezüglich der Temperatur indifferentes Verhalten auf. Von den übrigen Arten sind zwei mit einer Temperaturzahl von 3 ausgewiesen, weitere zwei mit einer 5 und 5 mit einer 6. Von den häufigeren Arten (Abundanz 3) sind je eine mit 3, 5 und 6 ausgewiesen. Dies deutet darauf hin, dass es sich um einen kühlen bis mäßig warmen Standort, mit Tendenz zu mäßig warm handelt.

Kontinentalitätszahl (K)

Die Amplitude der Kontinentalitätszahl der aufgenommenen Arten liegt zwischen 2 und 5. Wobei 7 Arten als Kontinentalitätszahl eine 3, je 2 Arten eine 2 und 4 haben und eine Art eine 5 hat. Daraus lässt sich ableiten, dass die Kontinentalität des Standortes „zwischen ozeanisch und subozeanisch" einzuordnen ist.

Feuchtezahl (F)

Die Feuchtezahl fast aller Arten ist 5. Drei Arten habe als Feuchtezahl eine 4, eine 7. Drei Arten weisen bezüglich der Feuchtigkeit indifferentes Verhalten auf. Dass hauptsächlich „Frischezeiger" auftreten, spricht dafür, dass es sich hier um einen mittelfeuchten Boden handelt.

Reaktionszahl (R)

Fast die Hälfte der Arten (8 Arten) weist bezüglich der Reaktion indifferentes Verhalten auf. Bei den übrigen Arten liegt eine sehr große Bandbreite von 2 (Starksäure- bis Säurezeiger) bis 8 (Schwachsäure-/Schwachbasen- bis Basen- und Kalkzeiger), mit einer erstaunlichen Gleichverteilung der Werte vor. Diese Diversität bezüglich der Reaktionszahl könnte eine Erklärung für den vergleichsweise hohen Artenreichtum auf der Rasenfläche sein, die demensprechend durch kleinsträumige Unterschiede in den Standortbedingungen begründet wäre. Erklärbar wäre dies durch ungleichmäßige Düngung des Rasens mit organischem Dünger.

Stickstoffzahl (N)

Auch bezüglich des Stickstoffgehalts im Boden liegt eine große Amplitude der Stickstoffzahlen vor. Diese liegt zwischen 2 und 8, ebenfalls mit einer erstaunlichen Gleichverteilung. Auch dieser Umstand könnte durch ungleichmäßige Düngung erklärt werden.

Asphalt:

Mit über 9000 m² ist ein gutes Viertel des Betriebsareals mit zwei großen Asphaltflächen bedeckt. Spontane Vegetation ist auf diesen Flächen nicht ausgeprägt. Die Asphaltflächen werden zum Teil zum Parken und als Lagerflächen verwendet.

Bienenweide:

Abbildung 9: Bienenweide

<u>Charakteristik:</u>

Im südwestlichen Teil des Areals wurde eine gut 40 m² große, von der Form her etwa kreisrunde Bienenweide angelegt (Fläche Nr. 35). Aufgrund der geringen Größe des Strukturtyps war die gesamte Fläche Aufnahmefläche (Abbildung 9). Die Bienenweide ist im zentralen Bereich von bis zu 100 cm hohen Kräutern und Gräsern bewachsen, am Rand wird sie wohl häufiger gemäht und ist hier eher rasenartig. Um die Fläche wurden drei Bienenstöcke aufgestellt. Im Süden und Westen grenzt die Fläche an eine gut 1,5m hohe Buchenhecke, im Osten und Norden ist sie von Thujen und anderen Ziergehölzen eingerahmt. Hinter den Gehölzen grenzt im Osten in einem Abstand von ca. 5m ein einstöckiges Gebäude an. Das Gelände ist eben und flach. Der Standort ist relativ sonnig.

Der Vegetationsbestand ist sehr dicht und die dominanten, zahlreich auftretenden (Abundanz 4 nach Braun Blanquet) Arten sind *Anthemis tinctoria* (Färber Hundskamille), *Medicago Lupulina* (Hopfenklee), *Daucus carota* (Wilde Möhre) sowie *Echium vulgare* (Gewöhnlicher Natternkopf). Weitere häufige, wenig zahlreich auftretende (Abundanz 3 nach Braun Blanquet) Arten sind *Cirsium arvense* (Acker-Kratzdistel), *Oenothera biennis* (Gemeine Nachtkerze), *Medicago sativa* (Saat-Luzerne), *Silene alba* (Weiße Lichtnelke) und *Geranium pratense* (Wiesen-Storchschnabel). Bezüglich der Gräser treten nur zwei Arten spärlich auf, nämlich *Phleum pratense* (Wiesen-Lieschgras) und *Poa pratensis* (Wiesen-Rispengras). Weitere weniger oft auftretende Arten können der Artenliste entnommen werden (Siehe Anhang). Die, für die kleine Fläche enorme Artenvielfalt lässt sich vermutlich durch Ansaat erklären. Da die Bienenweide jedoch laut Auskunft einer Mitarbeiterin schon einige Jahre existiert, sollten Verdrängungsprozesse sowie die natürliche Einbringung von Arten dazu geführt haben, dass die Artenzusammensetzung insofern standortgerecht ist, dass eine Interpretation der Zeigerwerte möglich ist.

<u>Auswertung der Zeigerwerte nach Ellenberg:</u>

Gesamtanzahl aufgenommener Arten: 15

Lichtzahl (L):

Die aufgenommenen Arten werden mit einer Lichtzahl zwischen 6 und 9 eingestuft. Dabei sind insbesondere die häufigeren Arten mit einer Lichtzahl von 8 oder 9 ausgewiesen, mit Ausnahme von *Medicago lupulina*, der eine Lichtzahl von 7 hat, jedoch nur die untere Krautschicht besiedelt. Es kann somit aus den Zeigerwerten abgeleitet werden, dass der Standort mindestens 40%-50% relativer Beleuchtung ausgesetzt ist und damit ein ausgesprochener Volllichtstandort ist.

Temperaturzahl (T)

Die Temperaturzahl der aufgenommenen Arten liegt zwischen 5 und 7, wobei lediglich eine Art (*Oenothera biennis)* mit 7 (Wärmezeiger) und zwei Arten (*Medicago lupulina, Cirsium arvense*) mit 5 (Mäßigwärmezeiger) ausgewiesen sind. Somit kann davon ausgegangen werden, dass es sich um einen mäßig warmen bis warmen Standort handelt.

Kontinentalitätszahl (K)

Die Amplitude der Kontinentalitätszahl der aufgenommenen Arten liegt zwischen 3 und 6. Wobei 4 Arten als Kontinentalitätszahl eine 3, weitere 4 Arten eine 5 und eine Art eine 6 haben. Daraus lässt sich ableiten, dass die Kontinentalität des Standortes „zwischen ozeanisch und subozeanisch" einzuordnen ist.

Feuchtezahl (F)

Die Feuchtezahl der Arten liegt zwischen 3 und 5. Dabei weist die Feuchtezahl 3 („Trockniszeiger") lediglich *Anthemis tinctoria* auf. Die restlichen Arten sind mit einer Feuchtezahl von 4 (7 Arten) bzw. 5 (4 Arten) „Trocknis- bis Frischezeiger" und „Frischezeiger". Da jedoch die häufigeren Arten eher zu einer niedrigeren Feuchtezahl tendieren ist davon auszugehen, dass es sich um einen eher trockenen Standort handelt.

Reaktionszahl (R)

Die Arten, die bezüglich der Reaktionszahl nicht indifferent sind, weisen hier eine 7 oder 8 als Wert auf. Der Standort ist damit als schwach basisch einzustufen.

Stickstoffzahl (N)

Die Stickstoffzahl der aufgenommenen Arten liegt zwischen 4 und 7 also zwischen „Stickstoffarmut-bis Mäßigstickstoffzeiger" und „Stickstoffreichtumzeiger". Insbesondere die häufigeren Arten haben eher eine niedrigere Stickstoffzahl. Es lässt sich ableiten, dass es sich um einen mäßig stickstoffreichen Standort handelt.

Buchenhecke, Buxsushecke:

Die Laubhecken auf dem Gelände wurden, dem Anschein nach, erst in den letzten Jahren angelegt. Der Boden unter diesen Hecken ist durchwegs mit Rindenmulch bedeckt, was das Aufkommen einer Krautschicht weitgehend verhindert. Sehr vereinzelt sind die Arten der angrenzenden Strukturen eingesprengt, jedoch nicht in einem Ausmaß, das eine Interpretation der Zeigerwerte zuließe. Die Tatsache, dass die Hainbuchenhecke (*Carpinus betulus*) einen durchwegs sehr vitalen Eindruck macht könnte auf eine standortgerechte Pflanzung hindeuten. Den Zeigerwerten von *Carpinus betulus* entsprechend bedeutet das, dass es sich um mäßig warme bis warme Volllichtstandorte handelt. Bezüglich der weiteren Zeigerwerte ist *Carpinus betulus* indifferent. Da es sich beim Buchsbaum um eine standortfremde Art aus wärmeren Regionen handelt, der offensichtlich durch gärtnerische Maßnahmen ein Standortvorteil verschafft wurde, ist eine Auswertung der Zeigerwerte nicht zweckmäßig.

Gärtnerische Gestaltung mit ruderalen Einsprengseln:

Abbildung 10: Werksverkauf mit den Aufnahmeflächen für den Strukturtyp "gärtnerische Gestaltung mit ruderalen Einsprengseln"

<u>Charakteristik:</u>

Insgesamt sieben Flächen, die knapp 2,6 % des Unternehmensareals einnehmen sind gärtnerische Anlagen mit Zierpflanzen. Vor allem ist dieser Strukturtyp auf den repräsentativen Flächen vor dem Eingang zum Werksverkauf und beim Haupteingang zu finden. Zwei weitere kleinere Flächen liegen westlich der Kantine und beim neuen Parkhaus im Nordosten wurden ebenfalls zwei solcher Flächen Angelegt. Die beiden zuletzt genannten sind jedoch nicht so divers gestaltet. Fast ausschließlich wurde hier eine bodendeckende Fingerstrauch-Art gepflanzt. Die ruderalen Einsprengsel unterscheiden sich jedoch nicht von denen auf den vielfältiger gestalteten Flächen. Eine weitere Fläche, die in diesen Typ fällt liegt im Südosten des Areals auf einem Wall, der hauptsächlich mit Cotoneaster und einzelnen Thujen bepflanzt ist. In einem kleinen Teilbereich (ca. 5x5m) dominieren hier sogar ruderale Einsprengsel.

Die Aufnahmefläche sind die beiden Beete vor dem Werksverkauf, die durch eine geschwungene Rampe voneinander getrennt sind (Abbildung 10). Im Osten schließt das zweistöckige Hauptgebäude an, im Süden und Norden jeweils artenreiche Rasen und im Westen Asphaltflächen. Der Bereich ist relativ sonnig. Die nördliche Fläche (27) ist leicht nordwestexponiert, die südliche Fläche (28) leicht südwestexponiert.

Die Aufnahme ruderaler Arten gestaltet sich im Einzelfall nicht ganz einfach, da nicht mit Sicherheit gesagt werden kann, ob eine Art gärtnerisch oder durch natürliche Aussaat auf die Fläche gelangte. Die einzigen beiden Arten, bei denen mit Sicherheit davon ausgegangen werden kann, dass sie sich von selbst etablierten sind *Calystegia sepium* (Zaunwinde) und *Geranium robertianum* (Ruprechtskraut). Bei der Auswertung der Zeigerwerte werde ich mich darum in erster Linie auf diese Arten beziehen. Bezüglich der übrigen aufgenommenen Arten besteht zumindest die tendenzielle Vermutung, dass sie sich von selbst etablieren konnten. Insgesamt sind die gärtnerisch gestalteten Bereiche im Hinblick auf ruderale Arten wenig artenreich, was auf Pflege und Jäten zurückzuführen sein dürfte.

<u>**Auswertung der Zeigerwerte nach Ellenberg:**</u>

Gesamtanzahl aufgenommener Arten: 7

Lichtzahl (L):

Die Auswertung der Lichtzahl ist im Falle dieser Aufnahmefläche nicht sinnvoll, da die angepflanzten Arten zum Teil erhebliche Beschattung der ruderalen Arten bedingen.

Temperaturzahl (T)

Die Temperaturzahl der aufgenommenen Arten liegt zwischen 3 und 6, wobei drei Arten, darunter *Calystegia sepium*, mit einer 6 ausgewiesen sind. Man kann folglich ableiten, dass es sich um einen mäßig warmen bis warmen Standort handelt.

Kontinentalitätszahl (K)

Die Amplitude der Kontinentalitätszahl der aufgenommenen Arten liegt zwischen 3 und 5. Wobei 4 Arten als Kontinentalitätszahl eine 3 und 3 Arten eine 5 haben. Daraus lässt sich ableiten, dass die Kontinentalität des Standortes „zwischen ozeanisch und subozeanisch" einzuordnen ist.

Feuchtezahl (F)

Die Feuchtezahl der Arten liegt zwischen 4 und 9. Jeweils eine Art sind mit Feuchtezahlen von 4 und 9 beschrieben, jeweils zwei Arten mit Feuchtezahlen von 5 und 6. Diese, relativ große Amplitude lässt sich durch ungleichmäßige Bewässerung erklären. Insgesamt ist jedoch von einem frischen Standort mit mittelfeuchtem Boden auszugehen.

Reaktionszahl (R)

Die Amplitude der Reaktionszahlen der auftretenden Arten liegt zwischen 4 und 8, mit einem leichten Schwerpunkt zu höheren Reaktionszahlen. Es ist anzunehmen dass es sich um einen schwach sauren bis schwach basischen Standort mit kleinräumigen Abweichungen handelt.

Stickstoffzahl (N)

Die Stickstoffzahlen der auftretenden Arten können als Ausschlusskriterium für gärtnerisch angesäte Arten verwendet werden. Die extreme Amplitude von 2 (Extremer Stickstoff- bis Stickstoffarmutzeiger) bis 9 (übermäßiger Stickstoffzeiger) spricht dafür, dass Arten mit niedriger Stickstoffzahl hier durch Pflege und Jäten ein Standortvorteil verschafft wurde. Die beiden Arten, die mit Sicherheit als ruderal anzusehen sind haben Stickstoffzahlen von 7 und 9. Wie in einem gepflegten Beet zu erwarten, ist folglich von Stickstoffreichtum auszugehen.

Gehölze über zumeist artenarmen Rasen:

<u>Charakteristik:</u>

Dieser Strukturtyp wird durch vier Flächen im Südosten des Areals vertreten. Zwei davon, 49 und 50 liegen nördlich der Kantine und zeichnen sich durch besondere Artenarmut aus. Hier sind jeweils 5 Thujen in Reihe gepflanzt. Die Krautschicht neigt durch die schattige Lage zur Vermoosung und ist ausgesprochen artenarm. Die Artenliste ist darum nicht vollständig auf diese Fläche übertragbar. Die beiden anderen Flächen dieses Typs sind der Garten der Kantine (Fläche 22) und die Gehölzreihe an der südwestlichen Arealsgrenze (Fläche 26). Die beiden Flächen scheinen auf den ersten Blick recht unterschiedlich sind in ihrem Charakter jedoch relativ ähnlich. Der Deckungsgrad der Baumschicht beträgt bei beiden etwa 75%, der der Strauchschicht gut 40% und der der Krautschicht gut 90%. Die Wuchshöhen liegen bei der Baumschicht bei bis zu 13 Metern, bei der Strauchschicht bei bis zu 3 Metern und die Krautschicht erreicht eine Wuchshöhe von maximal 0,4 Metern. Bei beiden Flächen findet sich zudem eine Moosschicht mit einem Flächenanteil von etwa 3 %. Bezüglich der Gehölzpflanzungen finden sich auf Fläche 22 Hauptsächlich heimische Arten wie *Salix caprea* (Salweide), *Corylus avellana* (Hasel) und *Malus domestica* (Kultur-Apfel). Auf Fläche 28 wurden zusätzlich an heimischen Arten *Betula pendula* (Hängebirke), Prunus domestica (Kultur-Pflaume), *Sorbus aria* (Mehlbeere) und der etablierte Archeophyt *Aesculus hippocastaneum* (Ross-Kastanie) gepflanzt. Auf Fläche 28 wurden im Gegensatz zu Fläche 22 auch nicht heimische Gehölze gepflanzt.

Dies sind *Robinia pseudoacacia* (Robinie), *Thuja occidentalis* (Lebensbaum) sowie *Rhus typhina* (Essigbaum).

Als Aufnahmefläche für diesen Strukturtyp habe ich mich für einen Teilbereich von Fläche 28 (Abbildung 7) entschieden, da Fläche 22 als äußerer Sitzbereich der Kantine genutzt wird und dementsprechend frequentiert ist. Fläche 28 ist eine Gehölzreihe, die entlang der südwestlichen Arealsgrenze verläuft und bei der gepflasterten Parkplatzfläche nach Norden abknickt. Dieser Knick schließt den artenarmen Rasen ein, der als Erholungsfläche genutzt wird (Fläche Nr. 66). Während der westlichere Teil der Fläche (entlang der Arealsgrenze) eher von Bäumen dominiert ist, herrschen im östlichen Teil (entlang der Parkplatzfläche) Sträucher vor. Die Aufnahmefläche liegt im Bereich des Knicks und umfasst sowohl Sträucher, als auch Bäume. Sie ist L-förmig, gut 5 Meter breit und erstreckt sich jeweils 12m entlang der Arealsgrenze und entlang der Parkplatzfläche. Die Fläche ist eben, flach und wirkt eher feucht. Nach Süden und in den nicht von den Gehölzen beschatteten Bereichen ist die Fläche recht sonnig, sonst erwartungsgemäß schattig. Aufgrund der gärtnerischen Pflege ist die Krautschicht zumeist ein artenarmer Rasen, der mit dem entsprechenden Strukturtyp identisch ist (aber der Vollständigkeit halber in die Auswertung der Zeigerwerte einbezogen wird). Im Nahbereich um die Gehölze sowie an den Rändern liegt jedoch eine größere Artenvielfalt vor und es finden sich regelmäßig spontane Arten, die für die Auswertung der Zeigerwerte herangezogen werden können. Sämtliche dieser Arten treten nur sehr spärlich bis spärlich auf. Diese Arten sind unter anderem *Urtica dioica* (Große Brennessel), *Geranium rupertianum* (Ruprechtskraut), *Crepis capillaris* (Kleinköpfiger Pippau), *Fragaria vesca* (Wald-Erdbeere), *Lapsana communis* (Rainkohl) oder *Geum urbanum* (Echte Nelkwurz).

<u>Auswertung der Zeigerwerte nach Ellenberg:</u>

Gesamtanzahl aufgenommener Arten: 14

Lichtzahl (L):

Die aufgenommenen Arten werden mit einer Lichtzahl zwischen 4 und 8 eingestuft. Die hohe Amplitude ergibt sich aus den eingangs erwähnten Unterschieden in der Beschattung durch die Gehölze. Man kann ableiten, dass die sonnigeren Bereiche mindestens 40% relativer Beleuchtung ausgesetzt sind, die übrigen Bereiche mit 10 bis 20% relativer Beleuchtung eher Halbschattenstandorte sind.

Temperaturzahl (T)

Die meisten Arten auf der Untersuchungsfläche weisen bezüglich der Temperatur indifferentes Verhalten auf. Die restlichen Arten haben mit Ausnahme von *Cerastium fontanum* (Temperaturzahl 3) Temperaturzahlen von 5 (eine Art) und 6 (3 Arten). Der Standort ist dementsprechend als mäßig warm bis warm einzustufen.

Kontinentalitätszahl (K)

Die Amplitude der Kontinentalitätszahl der aufgenommenen Arten liegt zwischen 2 und 5. Wobei 4 Arten als Kontinentalitätszahl eine 3, 3 Arten eine 5, 2 Arten eine 2 haben und eine Art eine 4 hat. Daraus lässt sich ableiten, dass die Kontinentalität des Standortes „zwischen ozeanisch und subozeanisch" einzuordnen ist.

Feuchtezahl (F)

Die Feuchtezahl fast aller Arten ist 5. Lediglich zwei Arten haben als Feuchtezahl eine 6, zwei weisen indifferentes Verhalten auf. Dass hauptsächlich „Frischezeiger" auftreten spricht dafür, dass es sich hier um einen mittelfeuchten Boden handelt.

Reaktionszahl (R)

Die Mehrheit der Arten (9 Arten) weist bezüglich der Reaktion indifferentes Verhalten auf. Für die übrigen Arten ist für jeweils zwei Arten eine 7 und eine 6 und für eine eine 5 als Reaktionszahl ausgewiesen. Der Standort ist damit als schwach basisch einzustufen.

Stickstoffzahl (N)

Bezüglich des Stickstoffgehalts im Boden liegt eine relativ große Amplitude der Stickstoffzahlen vor. Diese liegt zwischen 4 und 9. Bemerkenswert ist dabei, dass insbesondere die Arten, die direkt an den Bäumen wachsen eher höhere Stickstoffzahlen haben (6 bis 9). Folglich ist davon auszugehen, dass es sich um einen insgesamt betrachtet eher stickstoffreichen Standort handelt, der in Teilbereichen nur mäßig stickstoffreich, im Bereich der Bäume jedoch teils ausgesprochen bis übermäßig stickstoffreich ist.

Giebeldach

Im Südosten des Geländes haben zwei Gebäude (Flächen 5 und 6) ein geschindeltes Giebeldach.

Hochbeete mit Kräutern

Vor der Kantine wurden drei Hochbeete mit Küchenkräutern in Steintrögen angelegt.

Unregelmäßiges Dach meist mit Solarpanels

Die meisten Gebäude und damit gut 56% der Gesamtfläche des Areals zählen zu diesem Strukturtyp. Zumeist handelt es sich dabei um eine Art Sägezahndach, bei dem die weniger steil abfallenden Seiten nach Süden exponiert und mit PV-Anlagen ausgestattet sind. In Teilbereichen (Hallen im Osten des Areals) handelt es sich um Flachdächer ohne PV-Anlagen. Zahlreiche zusätzliche Aufbauten und Abweichungen in der Form geben dem Dach einen optisch unregelmäßigen Charakter, weshalb ich diesen Namen für den Strukturtyp gewählt habe.

Nebengebäude

Auf dem Gelände liegen ein Carport sowie ein kleines Glasgebäude, dessen Zweck ich nicht erfassen konnte. Diese beiden Gebäude habe ich unter dem Strukturtyp „Nebengebäude" zusammengefasst.

Obstgehölz

Zusätzlich zu den Obstgehölzen innerhalb der Gehölzstrukturen wurden in mehreren Bereichen im Südwesten des Areals einzelne Obstgehölze gepflanzt. Dies sind vor allem *Malus domesticus* (Kultur-Apfel) und *Prunus domesticus* (Kultur-Pflaume). Die Gehölze sind eher jünger und erreichen Wuchshöhen von bis zu 5 Metern. Da die Krautschicht in diesen Bereichen jeweils der der angrenzenden oder umgebenden Flächen entspricht habe ich auf eine extrige Auswertung der Zeigerwerte verzichtet.

Pflaster mit Pflasterritzenvegetation

Abbildung 7: Vegetation auf der Aufnahmefläche für den Strukturtyp "Pflaster mit Pflasterritzenvegetation"

Charakteristik:

Sämtliche gepflasterten Parkplatzflächen zeichnen sich durch Pflasterritzenvegetation aus (Abbildung 11). Die Fugen sind in der Regel gut 3cm breit. Die Flächen sind jeweils gut 5 Meter breit und unterschiedlich lang. Sie fallen leicht in Richtung der angrenzenden Asphaltflächen ab.

Die Aufnahmefläche für diesen Strukturtyp ist Fläche Nr.7, die westliche der beiden Parkplatzflächen vor dem Haupteingang. Sie hat eine rechteckige Fläche von 5x20 Metern und ist an drei Seiten von artenreichem Rasen umgeben, im Süden grenzt Asphalt an. Dementsprechend ist der Bereich sehr sonnig und durch die Hoflage eher windstill.

Die Vegetation ist in Anbetracht der häufigen Störung durch Tritt und parkende Fahrzeuge sowie der geringen verbleibenden Wuchsfläche von ca. 25m² relativ vielfältig. Natürlich ist die Vegetation in den weniger betretenen, bzw. befahrenen Bereichen am Rand der Aufnahmefläche stärker ausgeprägt. Die häufigsten krautigen Arten sind *Plantago major* (Breitwegerich), *Herniaria glabra* (Kahles Bruchkraut), *Nardus stricta* (Borstgras) sowie *Matricaria discoidea* (Strahlenlose Kamille). Für die Auswertung der Zeigerwerte ist zu beachten, dass an diesem Standort tendenziell eher die Resistenz gegenüber den häufigen Störungen ein Standortvorteil sein dürfte, als bestimmte Eigenschaften in Bezug auf „ökologisches Verhalten".

Gesamtanzahl aufgenommener Arten: 7

Lichtzahl (L):

Die aufgenommenen Arten werden fast ausschließlich mit einer Lichtzahl von 8 eingestuft. Lediglich *Poa annua* hat eine Lichtzahl von 7. Erwartungsgemäß handelt es sich um einen Volllichtstandort mit mindestens 40% relativer Beleuchtung, der lediglich durch parkende Fahrzeuge unregelmäßig beschattet wird.

Temperaturzahl (T)

Die meisten Arten auf der Untersuchungsfläche weisen bezüglich der Temperatur indifferentes Verhalten auf. Jeweils eine Art hat eine Temperaturzahl von 5 und 6. Der Standort ist dementsprechend als mäßig warm bis warm einzustufen.

Kontinentalitätszahl (K)

Zwei Arten haben eine Kontinentalitätszahl von 5, drei Arten eine von 3. Daraus lässt sich ableiten, dass die Kontinentalität des Standortes „zwischen ozeanisch und subozeanisch" einzuordnen ist.

Feuchtezahl (F)

Die Amplitude Feuchtezahl liegt zwischen 3 und 6. Man kann davon ausgehen, dass es sich, typisch für Pflasterritzen-Standorte um einen mittelfeuchten Boden handelt, der selten oder nie austrocknet.

Reaktionszahl (R)

Anders als auf allen anderen Flächen haben nur zwei Arten bezüglich der Reaktion indifferentes Verhalten. Für die übrigen Arten liegt die Reaktionszahl zwischen 2 und 7. Dies lässt entweder auf kleinsträumige Unterschiede schließen oder darauf, dass der Säure, bzw. Basengehalt des Bodens hier kein relevanter Standortfaktor ist.

Stickstoffzahl (N)

Wie bei der Reaktion, liegt auch beim Stickstoffgehalt eine große Amplitude der Zeigerwerte, zwischen 2 und 8 vor. Auch hier kann dies entweder auf kleinsträumige Standortunterschiede zurückgeführt werden oder darauf, dass der Stickstoffgehalt kein relevanter Standortfaktor ist.

Pflaster ohne Vegetation

Mehrere Flächen auf dem Gelände sind mit einem sehr dichten Pflaster gepflastert, welches keine Vegetationsbildung in den Fugen zulässt und wahrscheinlich regelmäßig gereinigt wird.

Standortsfremde Gehölze:

Über das gesamte Betriebsgelände verteilt finden sich verschiedene standortfremde Gehölze. Teilweise sind diese in die Gehölzstrukturen oder gärtnerisch gestaltete Bereiche (Beete) integriert. In diesem Strukturtyp wurden nur standortfremde Einzelbäume und Sträucher sowie Strukturen, die ausschließlich aus standortfremden Gehölzen bestehen (trifft lediglich auf die Flächen 49 und 50, zwei Thujenreihen vor der Kantine, zu) aufgenommen. Die häufigsten Arten sind *Robinia pseudoacacia* (Robinie) und *Thuja occidentalis* (Lebensbaum). Einzeln wurde eine nicht-heimische Kiefernart (vermutlich *Pinus parviflora,* die japanische Mädchenkiefer), gepflanzt. Da die Krautschicht in diesen Bereichen jeweils der der angrenzenden oder umgebenden Flächen entspricht habe ich auf eine extrige Auswertung der Zeigerwerte verzichtet.

Zierbrunnen:

Vor dem Haupteingang befindet sich eine Brunneninstallation mit Steinen und Kies verschiedener Größe. Spontane Vegetation tritt hier nicht auf.

6.1.3 Zusammenfassung der Standortbedingungen

Aus den in 7.1.1.2 erwähnten Ergebnissen der Auswertungen der Zeigerwerte nach Ellenberg können die Standortfaktoren für das gesamte Unternehmensareal zusammenfassend erläutert werden. Ziel ist es dabei, die Eigenheiten des gesamten Betriebsgeländes im Hinblick auf die mit ökologischen Zeigerwerten erfassbaren Faktoren und unter der Berücksichtigung der jeweils relevanten Einflüsse hervorzuheben.

Licht:

Es handelt sich, mit Ausnahme einiger schattigerer Bereiche, um ein eher lichtbegünstigtes Gelände. Bereiche, die mehr als 50% relativer Beleuchtung ausgesetzt sind (Volllichtstandorte) finden sich jedoch kaum. Dies deckt sich mit dem Eindruck, den ich bei der Begehung erhielt.

Temperatur:

Das Gelände ist, typisch für die kolline Lage am nördlichen Alpenrand, als mäßig warm bis warm einzustufen.

Kontinentalität:

Wie im zentralen Mitteleuropa zu erwarten, weisen die Zeigerwerte der aufgenommenen Arten das Gelände als ozeanisch bis subozeanisch aus.

Bodenfeuchtigkeit:

Der Boden im Untersuchungsgebiet ist - den Zeigerwerten der aufgenommenen Arten nach zu urteilen - mehrheitlich mittelfeucht, also frisch. Es bestehen jedoch Bereiche, in denen der Boden eher trocken ist.

Reaktion:

Das Untersuchungsgebiet ist, wie am Fuße der nördlichen Kalkalpen zu erwarten, als kalkhaltig und damit schwach basisch einzustufen. In kleinräumigen Bereichen liegt jedoch, vermutlich durch organische Düngung, eher ein saurer Boden vor.

Stickstoffgehalt:

Insgesamt kann man annehmen, dass die Böden auf dem Betriebsgelände mehrheitlich mäßig stickstoffreich bis stickstoffreich sind. Nichtsdestoweniger bestehen Bereiche, die eher mager, bzw. stickstoffreich sind.

6.2 *Bergader*, Waging

Am Montag, den 4. August 2014 besichtigte ich das Betriebsgelände von *Bergader* in Waging. Für die nötigen Untersuchungen benötigte ich etwa 5 Stunden.

Die *Bergader Privatkäserei* ist mittelständisches Unternehmen, das verschiedene Käsespezialitäten, vor allem Weich- und Edelpilzkäse, produziert. Das Unternehmen wurde 1902 in Waging gegründet und hat heute einen zweiten, kleineren, Produktionsstandort in Bad Aibling. Das heutige Betriebsgelände wurde ab den späten 60er Jahren erschlossen und seitdem regelmäßig erweitert. Heute hat das Unternehmen an beiden Standorten gut 560 MitarbeiterInnen (*BERGADER*, 2014).

6.2.1 Lage und Beschreibung des Areals (allgemein)

Die *Bergader* Käserei liegt auf gut 465 m ü. N.N. nördlich des Ortszentrums von Waging am See, einem Markt mit gut 6500 Einwohnern im östlichen Landkreis Traunstein. Die nächstgelegenen Städte sind im Südwesten Traunstein und im Nordwesten Traunreut, die jeweils gut 10 km von Waging entfernt sind (vgl. Karte 2).

Naturräumlich ist die Gegend um Waging Teil der Jungmoränenlandschaft des Salzach-Hügellandes. Diese ist mit 30.682 ha (20%) die größte naturräumliche Untereinheit im Landkreis Traunstein (vgl. Karte 2). Die östliche Grenze bildet die Salzachaue, die westliche die Alzplatte und die südliche das Trauntal. Die Einheit setzt sich im Süden im Landkreis Berchtesgadener Land, im Norden im Landkreis Altötting und östlich der Salzach in den österreichischen Bezirken Salzburg Land und Braunau fort. Die charakteristischen, landschaftsprägenden Elemente der Untereinheit sind die sich am Rand der Alzplatte erstreckenden Endmoränenwälle, die davor liegende Grundmoränenlandschaft mit ihren Drumlins, Zungenbecken, Schmelzwassertälern, Seen (v. a. Waginger-Tachinger See) und Moore. Im südlichen Teil der Jungmoränenlandschaft und damit in der Gegend um Waging überwiegt bei mittleren Jahresniederschlägen um 1100 mm die Grünlandnutzung, während nach Norden eine Zunahme der Ackernutzung zu verzeichnen ist. Die Endmoränenwälle sind im Norden meist von Fichtenreinbeständen geprägt, während auf den Grundmoränen Mischwaldbestände dominieren. Insgesamt ist der Waldanteil mit etwa 23% jedoch relativ gering. Seen eher selten und abgesehen vom Waginger- und Tachinger See eher klein. Vom alpinen Bereich abgesehen, ist die naturräumliche Untereinheit, der mit natürlichen Fließgewässern am reichsten ausgestattete Landkreisteil (z. B. Götzinger Achen, Stillbach, Sur, Weiherbach etc.). Mit 1,6% liegt der Anteil der Siedlungs- und Verkehrsflächen unter dem Landkreisdurchschnitt (LFU: 2008).

Die naturschutzfachlich bedeutsamen Flächen der naturräumlichen Untereinheit „Jungmoränenlandschaft des Salzach-Hügellandes" sind insbesondere Feuchtgebiete, Fließgewässer mit deren Begleitvegetation (inkl. Feucht- und Schluchtwälder), Stillgewässer (v. a. Toteisbildungen) mit deren Verlandungszonen und magere Trockenstandorten. Hervorzuheben sind hier die drei lokalen Schwerpunktgebiete des Naturschutzes: Das Waginger Zungenbecken, die Moore und Bachsysteme zwischen Waginger Zungenbecken und Surtal sowie das Oberes Surtal. Der Biotopflächenanteil liegt bei 5,8 % und somit unter dem Landkreisdurchschnitt von 7,8% (ohne Alpen), jedoch über dem bayerischen Durchschnitt von 4% (LFU: 2008).

Die potentielle natürliche Vegetation der Umgebung von Waging ist zumeist *Waldmeister-Tannen-Buchenwald im Komplex mit Waldgersten-Tannen-Buchenwald,* zum See hin ist die PnV

Schwarzerlen-Eschen-Sumpfwald (gebietsweise mit Grauerle) im Komplex mit Giersch-Bergahorn-Eschenwald; örtlich Walzenseggen-Schwarzerlen-Bruchwald (LFU: 2012).

Das Betriebsgelände selbst liegt nördlich des Ortszentrums und grenzt im Südosten an eher dichte Bebauung mit hoher Versiegelung. Im Südwesten, Nordwesten und zum Teil im Nordosten grenzt eher lockere Wohnbebauung mit höherem Grünflächenanteil an. Im Nordwesten und Norden grenzt ist das Produktionsgelände durch die zweispurige Weixlerstraße vom Höllenbach getrennt. Auf der westlichen Seite des Baches besteht eine, ebenfalls zum Betrieb gehörende Parkplatzfläche.

Während diese Parkplatzfläche einen eher ruhigen Eindruck macht, macht das Hauptgelände einen sehr geschäftigen Eindruck. Starker Verkehr von LKWs und anderen Betriebsfahrzeugen findet sowohl auf der großen Ladefläche im Norden als auch auf dem umzäunten zentralen Areal statt. Diverse Anlagen wie Kühlaggregate bedingen einen gewissen Grundgeräuschpegel in Form eines Brummens bzw. Surrens.

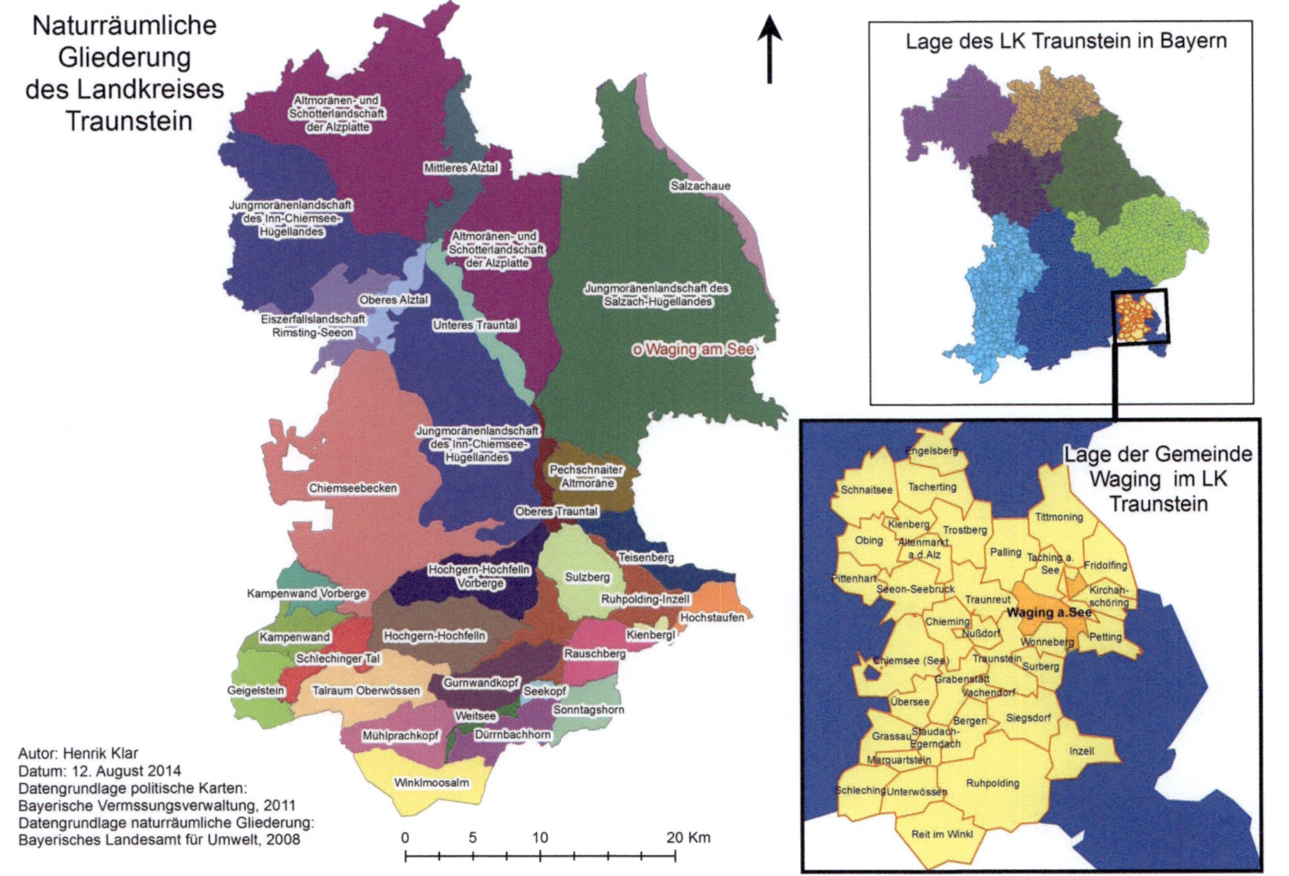

Karte 2: Lage und naturräumliche Gliederung des Landkreises Traunstein und der Gemeinde Waging a. See.

6.2.2 Strukturtypen und deren Standortbedingungen

In diesem Unterkapitel werde ich, analog zu 7.1.1.2 die einzelnen Struktur- und Vegetationstypen, bzw. Oberflächenbedeckungsarten beschreiben, die ich auf dem Gelände von *Bergader* identifiziert habe. Da die Areale von *Bergader und Rapunzel* grundsätzlich recht verschieden sind, sind auch die Strukturtypen teils verschieden benannt, um mit dem Namen eine möglichst genaue Beschreibung des jeweiligen Strukturtyps zu gewährleisten. Diejenigen Strukturtypen, die keine oder keine relevante (Spontan-)Vegetation aufwiesen, beschreibe ich nur kurz. Bei allen weiteren Strukturtypen lege ich die Ergebnisse der Vegetationsaufnahme am 4. August 2014 dar und interpretiere die Zeigerwerte der auftretenden Spontanvegetation. In Abbildung 6 sind die prozentualen Anteile der verschiedenen Strukturtypen ablesbar. Die vollständige Artenliste (Anhang 1), sowie die Karte der Strukturtypen (Anhang 2) finden sich im Anhang.

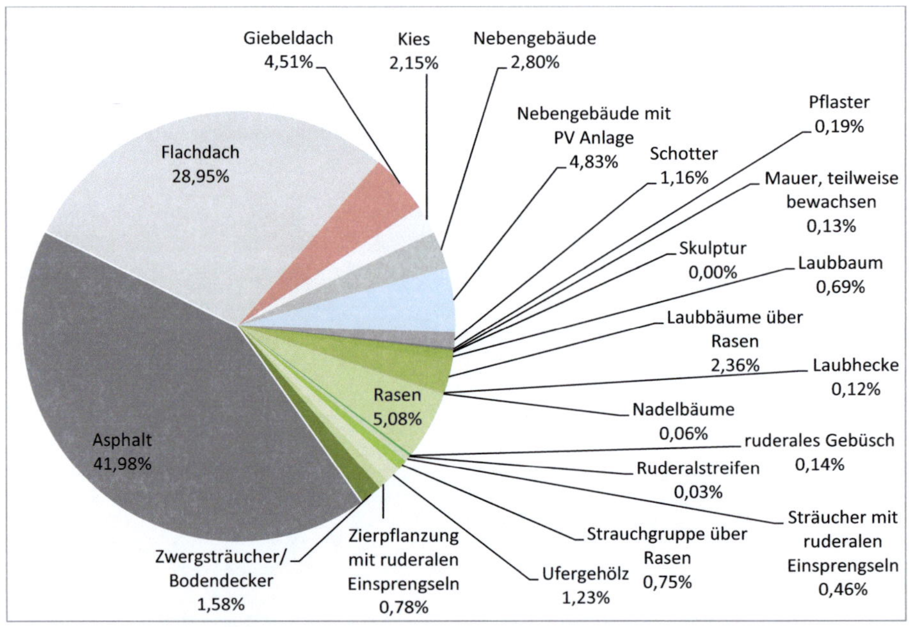

Abbildung 8: Prozentualer Anteil der verschiedenen Strukturtypen auf dem Gelände von *Bergader*. Gesamtfläche: ca. 3,5 ha

Asphalt:

Mit knapp 42% ist der größte Teil der Betriebsfläche mit Asphalt versiegelt. Die größte kompakte Asphaltfläche ist Fläche Nr. 71 im Nordosten des Areals, die als Ladefläche für LKWs genutzt wird.

Flachdach

Die meisten Gebäude auf dem Gelände, insgesamt knapp 30% der Betriebsfläche, haben Flachdächer, auf denen diverse Anlagen installiert sind.

Giebeldach

Die Verwaltungsgebäude im Süden des Areals haben geschindelte Giebeldächer.

Kies

Die äußeren Parkplatzflächen auf der Fläche westlich des Höllenbaches sind gekiest. Randlich sind in flüssigem Übergang die Arten der angrenzenden Rasenflächen eingesprengt (vgl. Strukturtyp Rasen).

Laubbaum, Laubbäume über Rasen

Über das gesamte Areal verteilt stehen mehrere Laubbäume mittleren Alters. Die Arten sind durchwegs heimisch: *Tilia cordata* (Winterlinde), *Quercus robur* (Stieleiche), *Acer platanoides* (Spitzahorn), *Acer pseudoplatanus* (Bergahorn) und *Sorbus aucuparia* (Eberesche) sind vertreten. Da die intensive Pflege der umgebenden Rasenflächen bis an die Baumstämme heranreicht, entspricht die Krautschicht im Bereich der Laubbäume der der Rasenflächen.

Laubhecke

Beim Südeingang auf das Areal sind zwei Buchenhecken (Flächen 44 und 45) angelegt. Ruderale Arten konnte ich hier keine ausmachen, was auf kürzlichen Schnitt und Jäten zurückzuführen sein dürfte.

Mauer, teilweise bewachsen

Im Südwesten des Geländes steht eine knapp 2 Meter hohe Mauer (Fläche 49), die von Efeu berankt wird. Im Nordosten steht eine knapp 4 Meter hohe Mauer (Fläche 99), die auf der Ostseite, zum öffentlichen Parkplatz hin, mit diversen Zier-Rankpflanzen auf Rankgerüsten bepflanzt wurde.

Nadelbäume

Zwischen der Eiswasseranlage (Fläche 6) im Osten des Geländes und der Weixlerstraße, stehen drei Fichten. Die Krautschicht ist, insofern vorhanden, vermoost oder entspricht dem angrenzenden Rasen.

Nebengebäude

Über das Gelände verteilt stehen diverse Nebengebäude, wie die Eiswasseranlage (Fläche 6), der Trafo (Fläche 5), Tanks oder Aggregate. Von den Nebengebäuden geht teilweise eine erhebliche Geräuschbelastung in Form eines Surrens oder Brummens aus.

Abbildung 9: Aufnahmefläche für den Strukturtyp "Nebengebäude mit PV-Anlage".

Charakteristik:

Dieser Strukturtyp umfasst die Carports auf der Parkplatzfläche westlich des Höllenbaches. Auf den ca. 5 Meter hohen Überdachungen wurden Solarpanels installiert. Da die Parkplätze unter den Dächern gekiest sind, finden sich in den kleinräumigen Teilbereichen, die weniger Tritt und Pflege ausgesetzt sind, teils dichte Bestände spontaner Arten.

Die Aufnahmefläche liegt im Süden des östlichsten der 5 Carports (Fläche 72, Abbildung 13). Sie umfasst die Randbereiche der gekiesten Parkplatzflächen, in denen spontane Vegetation auftritt. Die Fläche ist teils durch den Carport überdacht und geht im Süden in eine kleine Fläche mit Cotoneaster über. Abgesehen von der Beschattung durch den Carport ist die Lage der Fläche relativ sonnig.

Der Vegetationsbestand ist nicht durchgehend, meist liegt in den Bereichen zwischen den Pflanzen der Kiesboden frei. Im Bereich, der nicht mehr überdacht ist, ist die Vegetation am dichtesten. Hier treten unter anderem mehrere Exemplare von *Conyza canadensis* (Kanadisches Berufkraut), *Saliva pratensis* (Wiesen-Salbei), *Taraxacum officinale* (Wiesen-Löwenzahn), *Rumex acetosa* (Wiesen-Sauerampfer) und *Sonchus oleraceus* (Gewöhnliche Gänsedistel) auf.

Auswertung der Zeigerwerte nach Ellenberg:

Gesamtanzahl aufgenommener Arten: 11

Lichtzahl (L):

Die Lichtzahlen der aufgenommenen Arten liegen zwischen 4 und 8. Am häufigsten sind die höheren Lichtzahlen 7 (3 Arten) und 8 (6 Arten). Dies ist erstaunlich, da durch den Carport eigentlich eher Halbschattenpflanzen zu erwarten wären. Durch die Häufigkeit von Arten mit der Lichtzahl 8 ist trotzdem davon auszugehen, dass der Standort 40% relativer Beleuchtung ausgesetzt ist.

Temperaturzahl (T)

Die meisten Arten auf der Untersuchungsfläche weisen bezüglich der Temperatur indifferentes Verhalten auf. Vier Arten haben eine Temperaturzahl von 6 eine Art hat eine Temperaturzahl von 5 und 6. Der Standort ist dementsprechend als mäßig warm bis warm einzustufen.

Kontinentalitätszahl (K)

Drei Arten haben eine Kontinentalitätszahl von 4, zwei Arten eine von 3. Daraus lässt sich ableiten, dass die Kontinentalität des Standortes „zwischen ozeanisch und subozeanisch" einzuordnen ist.

Feuchtezahl (F)

Die Amplitude der Feuchtezahlen liegt zwischen 3 und 6, mit einem Schwerpunkt auf die Zeigerwerte 4 und 5 (jeweils 3 Arten). Man kann also davon ausgehen, dass es sich um einen frischen Standort mit mittelfeuchtem Boden handelt, der jedoch bisweilen austrocknet.

Reaktionszahl (R)

Die Mehrheit der Arten (7 Arten) weist bezüglich der Reaktion indifferentes Verhalten auf. Für die übrigen Arten ist für zwei Arten eine 8 und für jeweils eine eine 7 und 6 als Reaktionszahl ausgewiesen. Der Standort ist damit als schwach basisch einzustufen.

Stickstoffzahl (N)

Die Amplitude der Stickstoffzahlen liegt relativ gleichmä0ig verteilt zwischen 4 und 8. Es ist anzumerken, dass die Arten, die näher am angrenzenden Cotoneaster-Beet wachsen, höhere Stickstoffzahlen haben, als die weiter entfernten. Man kann also davon ausgehen, dass es sich insgesamt um eine mäßig stickstoffreiche Fläche handelt, die an den Rändern teilweise stickstoffreicher ist.

Pflaster

Ein kurzer Fußweg beim Verwaltungsgebäude ist gepflastert. Es tritt jedoch keine Pflasterritzenvegetation auf.

Rasen

Abbildung 10: Aufnahmefläche für den Strukturtyp "Rasen".

<u>Charakteristik:</u>

Von allen „grünen" Strukturtypen auf dem Betriebsgelände nimmt Rasen mit gut 5% der Gesamtfläche den größten Anteil ein. Schließt man diejenigen Strukturen ein, die zwar Rasen umfassen, aber in erster Linie durch Gehölzpflanzungen geprägt sind (z. B. Strauchgruppe über Rasen, Laubbäume über Rasen), hat der Strukturtyp einen Gesamtflächenanteil von fast 9%. Die Rasenflächen sind relativ gleichmäßig entlang der Ränder des Geländes verteilt. Auf fast allen Rasenflächen finden sich auch mehr oder weniger viele Gehölze, die eigenen Strukturtypen zugeordnet wurden. Sämtliche Flächen des Strukturtyps sind intensiv gepflegt und nur einzelne Kräuter erreichen Wuchshöhen von bis zu 30 cm. Die wenigsten Rasenflächen sind Tritt ausgesetzt, da sie durch die meist randliche Lage mit Umzäunung nicht als Abkürzungen genutzt werden können. Die beiden größten kompakten Rasenflächen liegen im Osten des Areals an der Weixlerstraße (Flächen Nr. 61 und 64).

Die Aufnahmefläche liegt auf Fläche 64 (Abbildung 14). Im Nordosten grenzt sie an ein gut 10-15m hohes Werksgebäude, im Südosten an eine Asphaltfläche, im Süden an ein Nebengebäude (Eiswasseranlage) und im Westen an die Weixlerstraße. Außerdem umschließt sie mehrere Gehölzstrukturen (Flächen Nr. 60, 64, 65, 66). Die Fläche wird durch die verschiedenen Gebäude und Gehölze jahreszeitlich variabel beschattet. Die Aufnahmefläche ist ein ebenes, flaches 10x10 Meter Quadrat, das westlich an einen der Einzelbäume grenzt (Fläche Nr. 65).

Die Vegetation auf der Aufnahmefläche ist, wie bei den meisten Rasenflächen auf dem Gelände, relativ artenreich. Tendenziell ist die Vegetation von Kräutern dominiert, wobei häufigere (Abundanz 4) Arten relativ gleichmäßig auftreten und weniger häufige Arten (Abundanz 2 und 3) eher punktuell konzentriert auftreten. Die häufigsten krautigen Arten sind *Trifolium repens* (Kriechender Klee) und *Crepis capillaris* (Kleinköpfiger Pippau). Zahlreiche weitere krautige Arten wie *Taraxacum officinale* (Wiesen Löwenzahn), *Prunella vulgaris* (Kleine Braunelle), *Ranunculus acris* (Scharfer Hahnenfuß), *Plantago lanceolata* (Spitzwegerich), *Cerastium fontanum* (Gewöhnliches Hornkraut) *Trifolium pratense* (Wiesen-Klee) treten wenig zahlreich, aber regelmäßig auf. Die häufigsten Gräser die ich bestimmen konnte (Blütenstände ausgebildet), waren *Lolium perenne* (Englisches Raygras) und *Poa annua* (Wiesen-Rispengras) und *Echinochla crus-galli* (Hühnerhirse). Eine Besonderheit dieser Fläche sind die Wiesen Champignons, die nach Auskunft der Geschäftsführerin von der Belegschaft geerntet werden.

<u>Auswertung der Zeigerwerte nach Ellenberg:</u>

Gesamtanzahl aufgenommener Arten: 18

Lichtzahl (L):

Die Lichtzahlen der aufgenommenen Arten liegen zwischen 4 und 8. Am häufigsten sind die höheren Lichtzahlen 7 (8 Arten) und 8 (6 Arten). Lediglich zwei Arten haben eine Lichtzahl von 6. Einzige herausragende Abweichung ist die Lichtzahl 4 von *Ranunculus ficaria* (Scharbockskraut), das eigentlich eine Art der Flussauen ist. Man kann davon ausgehen, dass es sich um einen Halblichtstandort mit 30-40% relativer Beleuchtung handelt.

Temperaturzahl (T)

Die meisten Arten auf der Untersuchungsfläche weisen bezüglich der Temperatur indifferentes Verhalten auf. Von den übrigen Arten haben je zwei eine Temperaturzahl von 5 und 6 eine Art hat eine Temperaturzahl 7. Der Standort ist dementsprechend als mäßig warm bis warm einzustufen.

Kontinentalitätszahl (K)

Die Amplitude der Kontinentalitätszahl der aufgenommenen Arten liegt zwischen 2 und 5. Wobei 7 Arten als Kontinentalitätszahl eine 3, je 2 Arten eine 5 und eine 2 haben und eine Art eine 4 hat. Daraus lässt sich ableiten, dass die Kontinentalität des Standortes „zwischen ozeanisch und subozeanisch" einzuordnen ist.

Feuchtezahl (F)

Die Amplitude Feuchtezahlen liegt zwischen 4 und 6, mit einem Schwerpunkt auf den Zeigerwert 5 (9 Arten). Man kann also davon ausgehen, dass es sich um einen frischen Standort mit mittelfeuchtem Boden handelt.

Reaktionszahl (R)

Die Mehrheit der Arten (10 Arten) weist bezüglich der Reaktion indifferentes Verhalten auf. Für die übrigen Arten ist für fünf Arten eine 7 und für zwei eine 6 und für eine eine 8 als Reaktionszahl angegeben. Der Standort ist damit als schwach sauer bis schwach basisch einzustufen.

Stickstoffzahl (N)

Die Amplitude der Stickstoffzahlen liegt zwischen 4 und 8, mit leichtem Schwerpunkt auf mittlere Zeigerwerte um 6. Man kann also davon ausgehen, dass es sich insgesamt um eine mäßig stickstoffreiche Fläche handelt, die teilweise stickstoffreichere einschließt. Das Auftreten des Wiesen-Champignons, der mit Schwerpunkt auf mäßig gedüngten Flächen wächst, spricht ebenfalls für diesen Umstand.

Ruderales Gebüsch

Abbildung 11: Aufnahmefläche für den Strukturtyp "ruderales Gebüsch".

Charakteristik:

Im Osten des Betriebsgeländes besteht ein kleines, recht dichtes ruderales Laubgebüsch (Fläche Nr. 18, Abbildung 15). Die Fläche liegt etwa einen Meter unter dem Niveau des restlichen Betriebsgeländes und ist von diesem durch eine Mauer mit Geländer getrennt. Die Fläche steigt zu den Rändern der Mauer leicht an. Im Südwesten der Fläche steht oberhalb der Mauer ein ca. 3m hohes Nebengebäude. Die Fläche läuft nach Norden keilförmig zu, ist 1-4 Meter breit und gut 10 Meter lang. Im zentralen Teil wurde ein Ruderboot abgelegt, das mittlerweile stark eingewachsen ist. Die Strauchschicht erreicht einen Deckungsgrad von etwa 80% und eine Wuchshöhe von gut 3 Metern. Die Krautschicht hat einen Deckungsgrad von knapp 40% und eine Wuchshöhe von bis zu einem Meter. Da die Vegetation sehr dicht ist und die Fläche durch den Niveauunterschied ungünstig zu betreten ist, habe ich die Arten von außen aufgenommen.

Die häufigsten Gehölze sind *Frangula alnus* (Faulbaum) und *Corylus avellana* (Hasel). Die häufigsten Kräuter sind *Urtica dioica* (Große Brennessel) sowie *Calystegia sepium* (Zaunwinde). Häufige Gräser sind *Poa pratensis* (Wiesen-Rispengras) und *Dactylus glomerata* (Wiesen-Knäuelgras).

<u>Auswertung der Zeigerwerte nach Ellenberg:</u>

Gesamtanzahl aufgenommener Arten: 12

Lichtzahl (L):

Die Lichtzahlen der aufgenommenen Arten liegen zwischen 4 und 8. Am häufigsten sind die Lichtzahlen 6, 7 und 8 (jeweils 3 Arten). Lediglich *Geum urbanum* (Echte Nelkwurz) hat als typische Pflanze für die Krautschichten in Gehölzbeständen eine Lichtzahl von 4. Man kann davon ausgehen, dass es sich um einen Halb- bis Volllichtstandort mit über 40% relativer Beleuchtung handelt, der in den tieferliegenden Vegetationsschichten naturgemäß abgeschattet ist.

Temperaturzahl (T)

Die Amplitude der Temperaturzahlen liegt zwischen 5 und 7. 4 Arten haben dabei eine Temperaturzahl von 6 und je zwei sind mit einer Temperaturzahl von 5 und 7 angegeben. Der Standort ist dementsprechend als mäßig warm bis warm einzustufen.

Kontinentalitätszahl (K)

Die Kontinentalitätszahlen der Arten, die diesbezüglich kein indifferentes Verhalten aufweisen liegen mit Ausnahme von *Dactylus glomerata* (Kontinentalitätszahl 3) bei 5. Die Zeigerwerte der Arten weisen also auf einen schwach subozeanischen bis schwach subkontinentalen Standort hin.

Feuchtezahl (F)

Die Amplitude Feuchtezahlen liegt zwischen 5 und 8, mit einem Schwerpunkt auf den Zeigerwert 5 (5 Arten). Man kann also davon ausgehen, dass es sich um einen frischen bis leicht feuchten Standort mit mittel bis gut durchfeuchtetem Boden handelt.

Reaktionszahl (R)

Die Reaktionszahlen der Arten, die diesbezüglich kein indifferentes Verhalten aufweisen liegen mit Ausnahme von *Frangula alnus* (Reaktionszahl 4) bei 7. Man kann demnach davon ausgehen dass es sich um einen schwach sauren bis schwach basischen Standort handelt.

Stickstoffzahl (N)

Die Amplitude der Stickstoffzahlen ist mit Werten zwischen 3 und 9 relativ groß. Ein Schwerpunkt der Zeigerwerte ist nicht auszumachen. Man kann annehmen, dass der zentrale Bereich der Fläche (evtl. durch abgefallenes Laub) relativ bis sehr stickstoffreich ist, während die leicht ansteigenden Ränder stickstoffärmer sind.

Ruderalstreifen

Im Südosten des Betriebsgeländes befindet sich in einem sonst mit Cotoneaster bepflanzten Pufferstreifen ein ca. 10 Meter langer und 70 cm breiter Streifen, der in seiner Erscheinung wie eine Ruderalfläche wirkt. Bei genauerer Betrachtung der Artenzusammensetzung fällt jedoch auf, dass die Zeigerwerte der Arten oft sehr große Amplituden aufweisen. Dies sowie das vermehrte Auftreten von Arten, die im Siedlungsraum für gewöhnlich nicht spontan auftreten, wie *Eschschlozia Californica* (Kalifornischer Mohn), *Sedum rupestre* (Felsen-Fetthenne) oder *Hieracium pilosella* (Kleines Habichtskraut), deutet darauf hin, dass es sich eher um ein etwas verwildertes Beet handeln dürfte. Da die Arten, bei denen mit Sicherheit davon ausgegangen werden kann, dass sie hier spontan auftreten, auch im Strukturtyp „Zierpflanzung mit ruderalen Einsprengseln" auftreten, verzichte ich an dieser Stelle auf eine gesonderte Auswertung der Zeigerwerte. Die Fläche wird aufgrund ihrer äußeren Erscheinung und der Tatsache, dass derzeit keine Pflegemaßnahmen vollzogen werden, trotzdem weiter dem Strukturtyp „Ruderalstreifen" zugeordnet.

Schotter

Mehrere Flächen, zumeist um turmförmige Nebengebäude, sind geschottert. Dieser Strukturtyp unterscheidet sich vom Strukturtyp „Kies" durch die deutlich größere Korngröße der Steine. Eingesprengte Arten habe ich innerhalb dieses Typs nicht ausmachen können. Auf der Karte des Areals sind die beiden Strukturtypen „Kies" und „Schotter" der Einfachheit halber zusammengefasst.

Strauchgruppe über Rasen

Im Osten des Areals, an der Weixlerstraße, liegen die Flächen Nr. 60, 62 und 63, die dem Strukturtyp „Strauchgruppe über Rasen" zugeordnet werden. Die Sträucher sind heimische Laubgehölze wie *Corylus Avellana* (Hasel), *Acer campestre* (Feldahorn) oder *Sorbus aucuparia* (Eberesche). Sie sind durchwegs intensiv gepflegt und in gleichmäßige Formen geschnitten. Die Krautschicht entspricht der des Strukturtyps „Rasen".

Sträucher mit ruderalen Einsprengseln

<u>Charakteristik:</u>

Beim Tor zur Weixlerstraße im Westen des Areals (Fläche Nr. 11) sowie im Westen des Verwaltungsgebäudes (Fläche Nr. 100) befinden sich mehr oder weniger dichte Strauchpflanzungen mit ruderalen Einsprengseln. Die Sträucher sind teils heimische (z. B. *Corylus avellana* (Hasel), *Acer campestre* (Feldahorn) oder *Crataegus monogyna* (Eingriffliger Weißdorn)) und teils nicht-heimische (z. B. *Kerria japonica* (Japanische Kerrie)) Gehölze. Die Sträucher in diesen Bereichen scheinen eher extensiv gepflegt zu werden.

Die Aufnahmefläche ist die Fläche beim Tor zur Weixlerstraße (Fläche Nr. 11). Sie grenzt im Norden an die asphaltierte Zufahrt zum Tor und im Süden an eine große Asphaltfläche, auf der in diesem Bereich Mülltonnen und –container abgestellt sind. Sie ist leicht bogenförmig, gut 20 Meter lang und bis zu 5 Metern breit. Der Bereich ist eher sonnenexponiert, da keine abschattenden Bauwerke angrenzen. Die Strauchschicht hat einen Deckungsgrad von gut 70 % und eine Wuchshöhe von etwa 2,5 Metern, die Krautschicht eine Wuchshöhe von gut einem Meter bei einem Deckungsgrad von knapp 30 %.

Die häufigsten spontanen Arten sind *Calystegia sepium* (Zaunwinde), *Echinochloa crus-galli* (Hühnerhirse) und *Aegopodium podagraria* (Giersch). Die Artenzusammensetzung der Krautschicht unterscheidet sich von der Krautschicht in entsprechenden naturnäheren Beständen.

<u>Auswertung der Zeigerwerte nach Ellenberg:</u>

Gesamtanzahl aufgenommener Arten: 9

Lichtzahl (L):

Die Lichtzahlen der aufgenommenen Arten liegen zwischen 5 und 8, wobei die Lichtzahlen 7 (4 Arten) und 8 (2 Arten) am häufigsten vertreten sind. Man kann annehmen, dass es sich um einen Halb- bis Volllichtstandort mit meist über 40% relativer Beleuchtung handelt, der in den tieferliegenden Schichten naturgemäß schattiger ist.

Temperaturzahl (T)

Die Amplitude der Temperaturzahlen liegt zwischen 5 und 7. 4 Arten haben dabei eine Temperaturzahl von 6 und je eine ist mit einer Temperaturzahl von 5 und 7 angegeben. Der Standort ist dementsprechend als mäßig warm bis warm einzustufen.

Kontinentalitätszahl (K)

Die Kontinentalitätszahlen der Arten, die diesbezüglich kein indifferentes Verhalten aufweisen liegen mit Ausnahme von *Aegopodium podagraria* (Giersch) (Kontinentalitätszahl 3) bei 5. Die Zeigerwerte der Arten weisen also auf einen schwach subozeanischen bis schwach subkontinentalen Standort hin.

Feuchtezahl (F)

Die Amplitude Feuchtezahlen liegt zwischen 4 und 8, mit einem Schwerpunkt auf die Zeigerwerte 5 und 6 (je 3 Arten). Man kann also davon ausgehen, dass es sich um einen frischen bis leicht feuchten Standort mit teils eher feuchten Bereichen handelt.

Reaktionszahl (R)

Die Reaktionszahlen der Arten, die diesbezüglich kein indifferentes Verhalten aufweisen liegen mit Ausnahme von *Persicaria hydropiper* (Wasserpfeffer) (Reaktionszahl 5) bei 7 oder 8. Man kann demnach davon ausgehen dass es sich um einen schwach sauren bis schwach basischen Standort handelt.

Stickstoffzahl (N)

Die Amplitude der Stickstoffzahlen ist mit Werten zwischen 3 und 9 relativ groß. Die meisten Arten sind hier jedoch mit Zeigerwerten von 8 (5 Arten) oder 9 (2 Arten) angegeben. Der Zeigerwert 3 wird lediglich durch *Betonica officinalis* (Heil-Ziest) vertreten. Es ist darum anzunehmen, dass es sich um einen ausgesprochen stickstoffreichen Standort handelt.

Ufergehölz

Abbildung 12: Der Ufergehölzstreifen mit Höllenbach

<u>Charakteristik:</u>

Die derzeit naturbelassenste Fläche auf dem Unternehmensareal ist der westliche Ufergehölzstreifen des Höllenbaches (Abbildung 16) im Bereich der Parkplatzfläche. Dieser erstreckt sich über eine Länge von knapp 70 m und ist bis zu ca. 10 m breit. Es liegt jedoch nur etwa die Hälfte der Fläche mit einer Breite von gut 5 m auf dem Unternehmensareal. Die genaue Grenze ist jedoch nicht auszumachen. Der zum Betriebsgelände zählende Teil der Fläche (Fläche Nr. 81) ist eben und flach. Im Westen schließen Rasen und im flüssigen Übergang gekieste Parkplätze an. Im Osten schließt der nicht zum Betriebsgelände zählende Teil des Ufergehölzes an, der in einer knapp zwei Meter hohen Uferböschung zum Höllenbach abfällt. Während im südlichen Teil des Streifens eher Bäume und höhere Sträucher dominieren, ist der nördliche Teil durch kleinere Sträucher und eine sehr dichte Krautschicht geprägt. Der Deckungsgrad der Baumschicht beträgt gut 40% bei einer Wuchshöhe von bis zu 12 m. Die Strauchschicht erreicht einen Deckungsgrad von etwa 50% und eine Wuchshöhe von bis zu 3 Metern. Die Krautschicht hat eine Wuchshöhe von bis zu einem Meter bei einem Deckungsgrad von etwa 70%. Das Gehölz ist nicht durch Gebäude oder ähnliches abgeschattet.

Der Streifen weist keinerlei Spuren von Pflege oder Schnitt auf und scheint ein gut genutztes Habitat von (Sing-)Vögeln zu sein. Bei der Aufnahme viel mir eine Türkentaube auf. Insgesamt entspricht der Streifen einem typischen weichholzdominierten Ufergehölz. Die Aufnahmefläche liegt im zentralen Teil der Fläche und umfasst auf einer Länge von 20 Metern sowohl den baumdominierten als auch den strauchdominierten Teilbereich. Die häufigsten Arten sind die typischen gewässerbegleitenden Weichgehölze wie *Salix fragilis* (Bruchweide), *Frangula alnus* (Faulbaum), *Sambucus nigra* (Schwarzer Hollunder), *Prunus padus* (Traubenkirsche), *Acer pseudoplatanus* (Bergahorn), *Viburnum lantana* (Wolliger Schneeball) oder *Salix caprea* (Salweide). In der Krautschicht dominieren vor allem *Rubus*-Arten (Brombeere), *Clematis vitalba* (Waldrebe) kleinere Exemplare der genannten Gehölzarten, *Calystegia sepium* (Zaunwinde) und *Aegopodium podagraria* (Giersch).

<u>Auswertung der Zeigerwerte nach Ellenberg:</u>

Gesamtanzahl aufgenommener Arten: 17

Lichtzahl (L):

Die Lichtzahlen der aufgenommenen Arten liegen zwischen 3 und 8. Am häufigsten ist die Lichtzahl 7 (7 Arten). In der Krautschicht sind oft Arten mit niedrigerer Lichtzahl vertreten. Man kann davon ausgehen, dass es sich um einen Halb- bis Volllichtstandort mit über 40% relativer Beleuchtung handelt, der in den tieferliegenden Vegetationsschichten naturgemäß abgeschattet ist.

Temperaturzahl (T)

Die Amplitude der Temperaturzahlen liegt zwischen 4 und 7. 6 Arten haben dabei eine Temperaturzahl von 5 und drei sind mit einer Temperaturzahl von 6, zwei mit einer von 7 und eine mit einer von 4 angegeben. Der Standort ist dementsprechend als mäßig warm einzustufen.

Kontinentalitätszahl (K)

Die Kontinentalitätszahlen der Arten, die diesbezüglich kein indifferentes Verhalten aufweisen liegen relativ gleich verteilt zwischen 2 und 5. Die Zeigerwerte der Arten weisen also auf einen für Mitteleuropa typischen subozeanischen Standort hin.

Feuchtezahl (F)

Die Amplitude Feuchtezahlen liegt zwischen 4 und 8, mit einem Schwerpunkt auf den Zeigerwerten 6 (7 Arten) und 8 (4 Arten). Typisch für einen leicht erhöhten Bereich eines Gewässerandstreifens handelt es sich somit um einen frischen bis mäßig feuchten Standort.

Reaktionszahl (R)

Die Reaktionszahlen der Arten, die diesbezüglich kein indifferentes Verhalten aufweisen liegen mit wenigen Ausnahmen bei 7 (10 Arten). Man kann demnach davon ausgehen dass es sich um einen schwach sauren bis schwach basischen Standort handelt.

Stickstoffzahl (N)

Die Amplitude der Stickstoffzahlen liegt zwischen 4 und 9. Ein Schwerpunkt liegt eher bei den höheren Zeigerwerten, 7 bis 9 (8 Arten). Man kann annehmen, dass der Standort, typisch für Gewässerrandstreifen, eher stickstoffreich bis ausgesprochen stickstoffreich ist.

Wegweiser

Im zentralen Bereich der großen kompakten Asphaltfläche im Nordosten des Areals (Fläche Nr. 71), steht ein Wegweiser, der die Fahrtrichtung der LKWs auf der Ladefläche regelt (Fläche Nr. 70). Er ist umgeben von einem Kreis aus Bodendeckern (Fläche Nr. 68) und einem Kreis aus Rasen (Fläche Nr. 69).

Zierpflanzung mit ruderalen Einsprengseln

Abbildung 13: Aufnahmefläche für den Strukturtyp "Zierpflanzung mit ruderalen Einsprengseln".

Charakteristik:

Flächen, die diesem Strukturtyp zugeordnet werden liegen in den Bereichen des Betriebsgeländes, in denen eine repräsentative Erscheinung gewünscht ist. Dies sind etwa die Anlagen vor dem Verwaltungsgebäude (Fläche Nr. 37), die äußeren Ränder der Parkplatzfläche westlich des Höllenbaches (Flächen Nr. 84, 85 und 86) sowie die Zierpflanzung östlich der Mauer zum öffentlichen Parkplatz im Osten des Areals (Fläche Nr. 15). Allen Flächen gemeinsam ist eine Dominanz von gepflanzten Sträuchern. Auf die Pflanzung krautiger Arten wurde weniger Wert gelegt. Auf sämtlichen Flächen sind vergleichsweise große, vegetationsfreie Bereiche vorhanden. Scheinbar werden die Flächen etwa einmal jährlich gepflegt, d.h. die Sträucher geschnitten und spontane Arten gejätet.

Die Aufnahmefläche der gesamte Zierstreifen nordöstlich der Mauer zum öffentlichen Parkplatz (Fläche Nr. 15, Abbildung 17). Der Streifen ist gut 60 cm breit, etwas über 50 m lang, eben und flach. Grundsätzlich ist der Bereich eher schattig, da er sich einerseits im Nordosten der gut 5m hohen Mauer befindet und andererseits durch die Laubbäume auf dem Parkplatz (die nicht mehr zum Unternehmensareal gehören) beschattet wird. In regelmäßigen Abständen wurden Eibenhecken-Abschnitte angelegt. In den Lücken zwischen den Eibenhecken wachsen an Rankgerüsten auf der Mauer Zierrosenarten. Die Strauchschicht hat einen Deckungsgrad von gut 60% bei einer Wuchshöhe von 2 Metern. Die Krautschicht erreicht bei einem Deckungsgrad von etwa 30% Wuchshöhen von bis zu 0,5 Metern. Ca. 10-20% der Fläche sind vegetationsfrei.

Bezüglich spontaner Arten ist der Streifen relativ artenarm. Eine der dominantesten krautigen Arten ist eine ursprünglich wohl angepflanzte Art, die ich nicht bestimmen konnte (vermutlich eine Rhododendronart). Ebenfalls relativ häufig ist *Clematis vitalba* (Gewöhnliche Waldrebe), die teils an den Rosen-Rankgerüsten wächst. In der unteren Krautschicht tritt häufig *Potentilla reptans* (Kriechendes Fingerkraut) auf, das teils auch über die Ränder des Streifens in Parkplatzflächen hineinwächst. Zusätzlich finden sich vereinzelt Keimlinge und Jungbäume diverser Laubgehölze wie *Acer Platanoides* (Spitzahorn) oder *Frangula alnus* (Faulbaum).

<u>Auswertung der Zeigerwerte nach Ellenberg:</u>

Gesamtanzahl aufgenommener Arten: 6

Lichtzahl (L):

Die Lichtzahlen der aufgenommenen Arten liegen zwischen 4 und 7, wobei die Lichtzahlen 7, 6 und 4 durch jeweils zwei Arten vertreten werden. Man kann annehmen, dass es sich um einen Halbschattenstandort mit ca. 20% relativer Beleuchtung handelt.

Temperaturzahl (T)

Die Temperaturzahl fast aller Arten ist 6. Lediglich *Clematis vitalba* hat eine Temperaturzahl von 7 und *Acer pseudoplatanus* weist bezüglich der Temperatur indifferentes Verhalten auf. Folglich handelt es sich um einen mäßig warmen bis warmen Standort.

Kontinentalitätszahl (K)

Die Kontinentalitätszahlen derjenigen Arten, die diesbezüglich kein indifferentes Verhalten aufweisen liegen zwischen 3 und 5. Die Zeigerwerte der Arten weisen also auf einen schwach subozeanischen bis schwach subkontinentalen Standort hin.

Feuchtezahl (F)

Die Amplitude der Feuchtezahlen liegt zwischen 5 und 8, mit einem Schwerpunkt auf die Zeigerwerte 5 und 6 (insgesamt 3 Arten). Man kann also davon ausgehen, dass es sich um einen frischen bis leicht feuchten Standort mit teils eher feuchten Bereichen handelt.

Reaktionszahl (R)

Die Reaktionszahlen derjenigen Arten, die diesbezüglich kein indifferentes Verhalten aufweisen, liegen bei 4 (*Frangula alnus*) und 7 (2 Arten). Man kann demnach davon ausgehen, dass es sich um einen schwach sauren bis schwach basischen Standort handelt, wobei die Bereiche um die Eibenhecken durch abgeworfene Nadeln eher saurer sein dürften.

Stickstoffzahl (N)

Die Amplitude der Stickstoffzahlen liegt zwischen 3 und 7. Dabei kommen die Stickstoffzahlen 3 und 5 jeweils einmal vor, die Stickstoffzahl 7 zweimal. Der Zeigerwert 3 wird lediglich durch *Betonica officinalis* (Heil-Ziest) vertreten. Man kann annehmen, dass es sich um einen mäßig stickstoffreichen bis stickstoffreichen Standort handelt.

Zwergsträucher/Bodendecker

<u>Charakteristik:</u>

Zahlreiche Grünflächen (meist schmalere Pufferstreifen) auf dem Betriebsgelände wurden mit bodendeckenden *Cotoneaster* (Zwergmispel)-Arten bepflanzt. Diese Zwergstrauchpflanzungen werden durchwegs intensiv gepflegt und haben zumeist eine Wuchshöhe um 40-50 cm. Insbesondere an den Rändern, teils aber auch in zentralen Bereichen der Pflanzungen finden sich immer wieder spontane Arten.

Die Aufnahmefläche zu diesem Strukturtyp ist die komplette Fläche Nr. 9, ein Pufferstreifen zwischen der großen Ladefläche im Norden des Geländes und der Weixlerstraße. Der Streifen ist etwas über 50 m lang und zwischen 1 und 2m breit. Er ist eben, flach und fast ausschließlich von Asphalt umgeben, von dem er durch einen mehrere Zentimeter hohen Randstein getrennt ist. Im Westen grenzt die Fläche in einem kleinen Teil an ein Gebäude. Vor allem der westliche Teil der Fläche ist durch die Nähe zu dem 15-20 m hohen Produktionsgebäude etwas schattiger. Der östliche Teil ist eher sonnenexponiert.

Die häufigsten Arten in diesem naturgemäß artenarmen Strukturtyp sind *Calystegia sepium* (Zaunwinde) sowie *Rosa rugosa* (Kartoffel-Rose). Ebenfalls regelmäßig treten *Oxalis corniculata* (Horn-Sauerklee) sowie *Conyza canadensis* (Kanadisches Berufkraut) auf. Grundsätzlich ist anzumerken, dass in den randlichen Bereichen mehr spontane Arten auftreten und die mittlere Krautschicht nur hier ausgeprägt ist.

<u>Auswertung der Zeigerwerte nach Ellenberg:</u>

Gesamtzahl aufgenommener Arten: 8

Lichtzahl (L):

Die Lichtzahlen der aufgenommenen Arten liegen mit relativ gleichmäßiger Verteilung zwischen 6 und 8. Man kann annehmen, dass der Standort zumeist über 40% relativer Beleuchtung ausgesetzt ist, in den schattigeren, westlichen Teilbereichen zumindest über 20% relativer Beleuchtung.

Temperaturzahl (T)

Die Temperaturzahl der meisten Arten ist 6. Lediglich jeweils eine Art hat eine Temperaturzahl von 5 und 7. Folglich handelt es sich um einen mäßig warmen bis warmen Standort.

Kontinentalitätszahl (K)

Die Kontinentalitätszahlen der Arten, die diesbezüglich kein indifferentes Verhalten aufweisen liegen zwischen 2 und 5. Die Zeigerwerte der Arten weisen also auf einen subozeanischen Standort hin.

Feuchtezahl (F)

Die Amplitude Feuchtezahlen liegt, bei einer relativ gleichen Verteilung der einzelnen Werte zwischen 4 und 6. Man kann also davon ausgehen, dass es sich um einen frischen Standort mit mittelfeuchtem Boden handelt, der jedoch bisweilen austrocknet.

Reaktionszahl (R)

Von den Arten, die bezüglich der Reaktion kein indifferentes Verhalten aufweisen, werden für zwei die Reaktionszahl 7 und für je eine die Reaktionszahl 6 und 8 angegeben. Der Standort ist somit als schwach sauer bis schwach basisch anzusehen.

Stickstoffzahl (N)

Die Amplitude der Stickstoffzahlen liegt relativ gleichmäßig verteilt zwischen 4 und 9. Lediglich die Stickstoffzahl 6 ist doppelt vorhanden. Es ist folglich anzunehmen, dass der Stickstoffgehalt des Bodens auf der Aufnahmefläche kein bedeutender Einflussfaktor für das Spektrum spontaner Arten sein dürfte.

6.2.3 Zusammenfassung der Standortbedingungen

Aus den in 7.1.2.2 erwähnten Ergebnissen der Auswertungen der Zeigerwerte nach Ellenberg können die Standortfaktoren für das gesamte Unternehmensareal zusammenfassend erläutert werden. Ziel ist es dabei, die Eigenheiten des gesamten Betriebsgeländes im Hinblick auf die mit ökologischen Zeigerwerten erfassbaren Faktoren und unter der Berücksichtigung der jeweils relevanten Einflüsse hervorzuheben.

Licht:

Es handelt sich, mit Ausnahme einiger schattigerer Bereiche, um ein eher lichtbegünstigtes Gelände. Bereiche, die mehr als 50% relativer Beleuchtung ausgesetzt sind (Volllichtstandorte), finden sich jedoch kaum. Dies entspricht auch meinem Eindruck bei der Begehung.

Temperatur:

Das Gelände ist, typisch für die kolline Lage am nördlichen Alpenrand, als mäßig warm bis warm einzustufen.

Kontinentalität:

Wie im zentralen Mitteleuropa zu erwarten, weisen die Zeigerwerte der aufgenommenen Arten das Gelände mehrheitlich als ozeanisch bis subozeanisch aus.

Bodenfeuchtigkeit:

Der Boden im Untersuchungsgebiet ist, den Zeigerwerten der aufgenommenen Arten nach zu urteilen, mehrheitlich mittelfeucht, also frisch. Es bestehen jedoch Bereiche, in denen der Boden etwas trockener oder feuchter ist.

Reaktion:

Das Untersuchungsgebiet ist, wie am Fuße der nördlichen Kalkalpen zu erwarten, als kalkhaltig und damit schwach basisch einzustufen. In kleinräumigen Bereichen liegt jedoch eher ein saurer Boden vor.

Stickstoffgehalt:

Insgesamt kann man annehmen, dass die Böden auf dem Betriebsgelände mehrheitlich mäßig stickstoffreich bis stickstoffreich sind. Einige Bereiche sind jedoch, entsprechend der Zeigerwerte der aufgenommenen Arten, stickstoffreich bis ausgesprochen stickstoffreich. Dies dürfte auf Düngung zurückzuführen sein.

7 Entwicklungsziele für die einzelnen Untersuchungsflächen

Zunächst gebe ich hierbei einen Überblick über die naturschutzfachlichen Besonderheiten in der Umgebung der jeweiligen Ortschaften. Dabei gehe ich neben den Zielen, Maßnahmen und Schwerpunkten des Naturschutzes auch auf die bedeutenderen ABSP-Objekte ein, die sich in oder um die Ortschaften (ca. 3-4km Umkreis), in denen die Untersuchungsflächen liegen, befinden.

Bei den Zielen, Maßnahmen und Schwerpunkten des Naturschutzes in und um die Ortschaften, in denen die Untersuchungsflächen liegen, sind grundsätzlich zwei Ebenen zu beachten: Dies ist zum einen die naturräumliche Untereinheit (Jungmoränenlandschaft des Salzach-Hügellandes bzw. Riß-Aitrach Platten), in der die jeweilige Ortschaft liegt, und zum anderen der Lebensraumtyp „Siedlungen", zu dem die Ortschaften zählen. Während die auf die naturräumliche Einheit bezogenen Ziele, Maßnahmen und Schwerpunkte im Rahmen dieser Arbeit nur sehr bedingt relevant sind, sind die Ziele und Maßnahmen für den Lebensraumtyp „Siedlungen" zum Teil gut auf die Untersuchungsfläche anwendbar.

So beziehen sich die auf die naturräumliche Einheit bezogenen übergeordneten Ziele und Maßnahmen häufig räumlich konkretisiert auf die Erhaltung oder die Förderung bestimmter Lebensraumtypen, wie Moore, Stillgewässer oder Waldstandorte. Diese Ziele und Maßnahmen müssen dann im Einzelnen auf eine mögliche Anwendbarkeit auf dem jeweiligen Unternehmensareal geprüft werden. Folglich werde ich hier nur diejenigen Ziele und Maßnahmen anführen, die für das jeweilige Areal tatsächlich relevant sein könnten.

Z und Maßnahmen für Siedlungen haben im Kontext dieser Arbeit den Vorteil, dass sie konkret auf das Umfeld der Unternehmensareale, also Siedlungen, bezogen sind. Hier finden sich im Gegensatz zu den Zielen und Maßnahmen für die jeweilige naturräumliche Einheit auch verstärkt Ziele und Maßnahmen, die für konkrete Arten zu verfolgen sind. Dies ist im Hinblick auf mein Vorhaben, Zielarten zu identifizieren sehr vorteilhaft. Allerdings sind auch hier Punkte gelistet, die räumlich keinen Bezug zu den Untersuchungsflächen haben. Folglich werde ich auch hier nur die jeweils relevanten Aspekte erwähnen.

7.1 *Rapunzel*, Legau

In diesem Kapitel gebe ich zunächst einen Überblick über die naturschutzfachlichen Eigenheiten der Umgebung von Legau (7.1.1). Im zweiten Unterkapitel (7.1.2) erläutere und begründe ich die Auswahl der Zielarten für das Areal von *Rapunzel* und beschreibe die Eigenschaften dieser Arten jeweils (7.1.2.1/7.1.2.2).

7.1.1 Bilanzen, Ziele, Schwerpunkte und Maßnahmen des Naturschutzes in und um Legau

Wie in 6.1.1 erwähnt, finden sich in der naturräumlichen Untereinheit "Riß-Aitrach-Platten" nur sehr wenige Biotopstrukturen und damit ABSP-Objekte (vgl. Karten 3 und 4). Naturschutzfachlich ist der bedeutendste Teil der Untereinheit das heutige Lautrachtal mit seinen Auwaldresten und Leitenwäldern, Streu- und Naßwiesenresten sowie der Lautrach als naturnahes Fließgewässer. Dies sind zumeist regional bedeutende Bestände in relativ gutem Verbund, weshalb das Lautrachtal das einzige Schwerpunktgebiet des Naturschutzes in der naturräumlichen Untereinheit ist. Entlang des Bachlaufes bestehen Auwaldreste (Grauerlen, einzelnen Eschen, Traubenkirschen, diverse Weidenarten). An den steileren Hangbereichen des Tales stocken abschnittsweise naturnahe Wälder, die je nach Feuchtegrad durch z. B. Esche, Buche, Stieleiche, Hainbuche dominiert werden. Die Lautrach selbst ist ein über weitere Strecken hinweg naturnahes Fließgewässer, wobei der Stausee Rotis eine Barrierewirkung auf den Gewässerverbund hat und im Abschnitt unterhalb nur geringe Restwassermenge im Mutterbett verbleibt. Weitere Beeinträchtigungen sind die durch forstliche Nutzung bedingten Fichtenaufforstungen in der Aue und entlang der Hangleiten sowie die intensive Grünlandnutzung, die Teils bis ans Ufer der Lautrach heranreicht. (LFU: 1999; 4.1/1 f)

Außerhalb des Schwerpunktgebietes gibt es in der Umgebung von Legau nur wenige ABSP-Objekte: Von regionaler Bedeutung ist der **Kohlstattbach** südlich Dilpesried, westlich von Legau. Von überregionaler Bedeutung sind die **Feuchtwälder mit auf dem Talgrund angrenzenden Naßwiesen nördlich Maria Steinbach**, im Norden der Gemeinde Legau. Neben der guten Strukturausstattung der Wälder (z. B. Tuffrinnen mit Gewässern als potentielle Larvalentwicklungsräume für Quelljungfern) ist hier auch die Verbundlage an der Illerleite bzw. im **Illertal** als überregional bedeutsam einzustufen. (LFU: 1999; 4.1/1)

Die übergeordneten Ziele und Maßnahmen für die naturräumliche Untereinheit Riß-Aitrach Platten beziehen sich in erster Linie auf das Schwerpunktgebiet **Lautrachtal**. So sollen hier Pufferstreifen eingerichtet, der Biotopverbund verbessert und naturnahe Auwaldbestände gefördert werden. Die weiteren Ziele und Maßnahmen beziehen sich in der Regel auf die Diversität der Kulturlandschaft. So soll der Anteil an naturnahen Flächen in der Kulturlandschaft auf mindestens 5% erhöht werden und so ein Netz an solchen Flächen entstehen. Die Schwerpunkte liegen dabei auf Feldgehölzen, Abbaustellen, Magerrasen (auf streifenförmig abgeschobenem Untergrund), Feld- und Wegrainen im Abstand von 200-300 m, extensivem Grünland, Hecken und kleineren Heckengruppen als Windschutzstreifen sowie Wildgrasfluren. Weiter soll eine umweltverträgliche, natur- und ressourcenschonende landwirtschaftliche Nutzung gefördert werden. Dies soll Belastungen des Grundwassers und der Oberflächengewässer verringern und Kleinstrukturen schaffen. Grundsätzlich sollen in Land- und Forstwirtschaft strukturarme Reinbestände in standortsgemäße heimische Mischbestände umgewandelt werden. Ein weiteres Ziel ist es, im Bereich aufgelassener Kiesgruben, Amphibienlaichgewässer entstehen zu lassen. (LFU: 1999; 4.1/1 f.)

Östlich angrenzend an den die naturräumliche Untereinheit der Riß-Aitrach Platten, nur wenige Kilometer von Legau entfernt, liegt das **Illertal**, ein eiszeitlich ausgeschobenes Stromtal. Aufgrund dieser räumlichen Nähe führe ich der Vollständigkeit halber auch einige Informationen zu dieser naturräumlichen Untereinheit an. Wie auf der Karte zu den ABSP-Flächen um Legau (Karte 3) ersichtlich ist, handelt es sich bei diesem Abschnitt des Illertals um die einzige ABSP-Fläche mit landesweiter Bedeutung um Legau. Wie bei den meisten anderen Flüssen im bayerischen Voralpenland ist die Gewässerdynamik durch Verbauung und Staustufen stark eingeschränkt. Die angrenzenden Auwälder stellen heute nur noch einen Bruchteil der ursprünglichen Überflutungsaue dar. Naturschutzfachlich von landesweiter Bedeutung sind jedoch die erwähnten Hangwälder am Illerdurchbruch östlich von Legau. Zwischen Lautrach und südlicher Landkreisgrenze finden sich teilweise sehr gut ausgeprägte Schlucht- und Hangwaldgesellschaften, Hangabrisse mit primären Offenlandstandorten, viele Kalktuffbildungen sowie am Hangfuß direkte Übergänge zu Kalkflachmooren, Röhrichten, Großseggenrieden und Waldgesellschaften der Aue. (LfU: 1999; 4.3/1 f.)

Für den Lebensraumtyp „Siedlungen" werden im Landkreis Unterallgäu eine Reihe von Zielen und Maßnahmen formuliert, die teilweise gut auf Legau anwendbar sind. So soll die Ausstattung der Siedlungen und ihrem Umland mit einer möglichst hohen Struktur-und Biotopvielfalt gefördert werden. Grünstreifen sollen eine Mindestbreite von 10 m und in Gewerbegebieten 20 m aufweisen. Sie sollen in lockerer Form mit Obstbäumen und heimischen Gehölzgruppen bepflanzt werden. Insgesamt ist das Ziel, einen mindestens fünfzigprozentigen Anteil von Vegetationsflächen in Siedlungen zu erreichen. In den Außen- und Randbereichen der Siedlungen sollen Gärten, Streuobstanlagen und Weideflächen dominieren und eine Anknüpfung an siedlungsnahe Hecken, Wälder, Wiesen, naturnahe Fluss- und Bachauen bestehen. Grünanlagen und Gehölze sollten überwiegend aus einheimischen Pflanzen nach dem Vorbild von Hecken, Feldgehölzen und Wiesen aufgebaut sein und Totholz sollte in diesen Strukturen liegen bleiben. Die Pflege und Nutzung der Grünflächen, Gebüsche, Gehölzbestände und Gewässer sowie Bau- und Restaurierungsmaßnahmen sollen auf die Belange des Artenschutzes abgestimmt werden. Weiter soll die Lebensraumfunktion von Gewässern im Siedlungsbereich durch verschiedene Maßnahmen erhalten und verbessert werden. Allgemein soll auch die Grünflächenpflege extensiviert werden. Sowohl im Hinblick auf Gehölzstrukturen, als auch auf Rasen- und Wiesenflächen. Außerdem sollen Pionier und Ruderalstandorte bewusst belassen und gefördert werden. Für eine Reihe von Tierarten und -gruppen (Fledermäuse, Vögel, Amphibien, Wildbienen, Grab- und Wegwespen) werden konkrete Maßnahmen angeführt. Zusätzlich werden zahlreiche Maßnahmen und Ziele im Hinblick auf Bauleitplanung, Landschaftsplanung und Siedlungsentwicklung erwähnt. (LfU: 1999; 3.10/5 ff.)

ABSP-Flächen um Legau

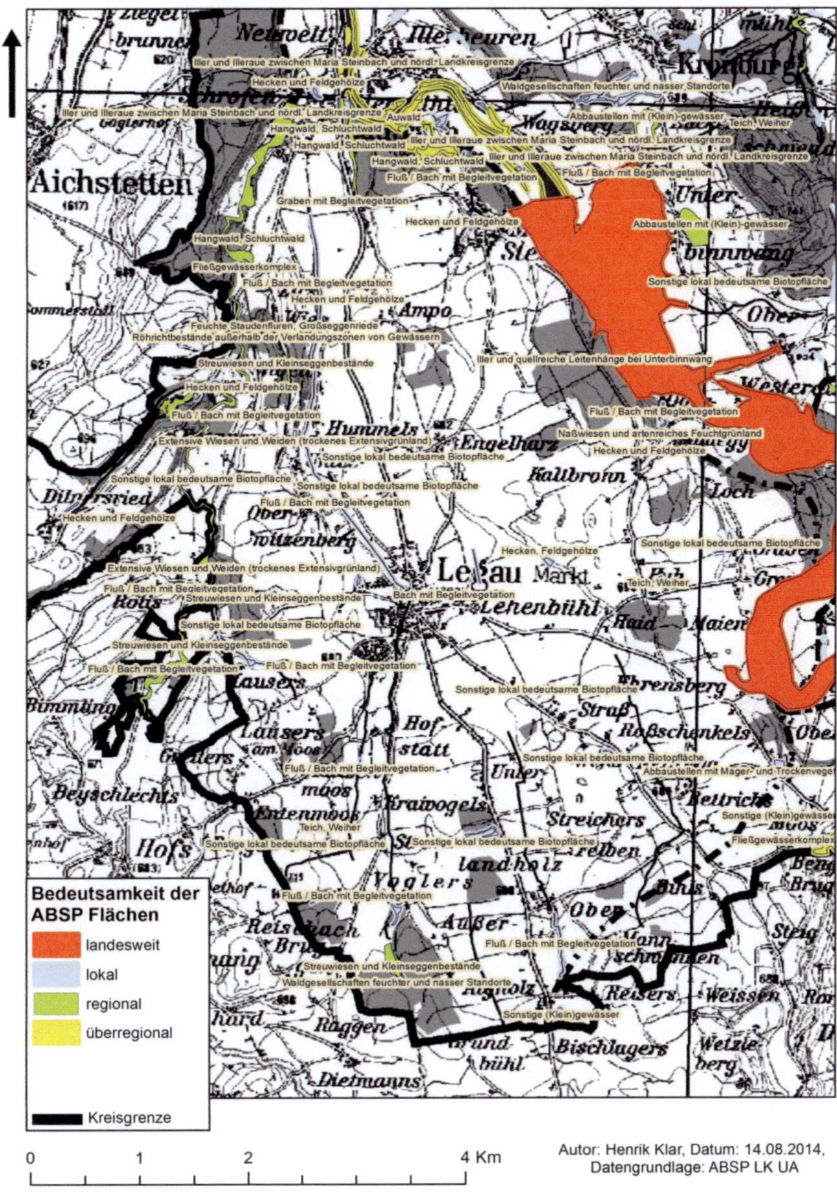

Karte 3: ABSP-Flächen um Legau

ABSP-Punkte und Schwerpunktgebiete um Legau

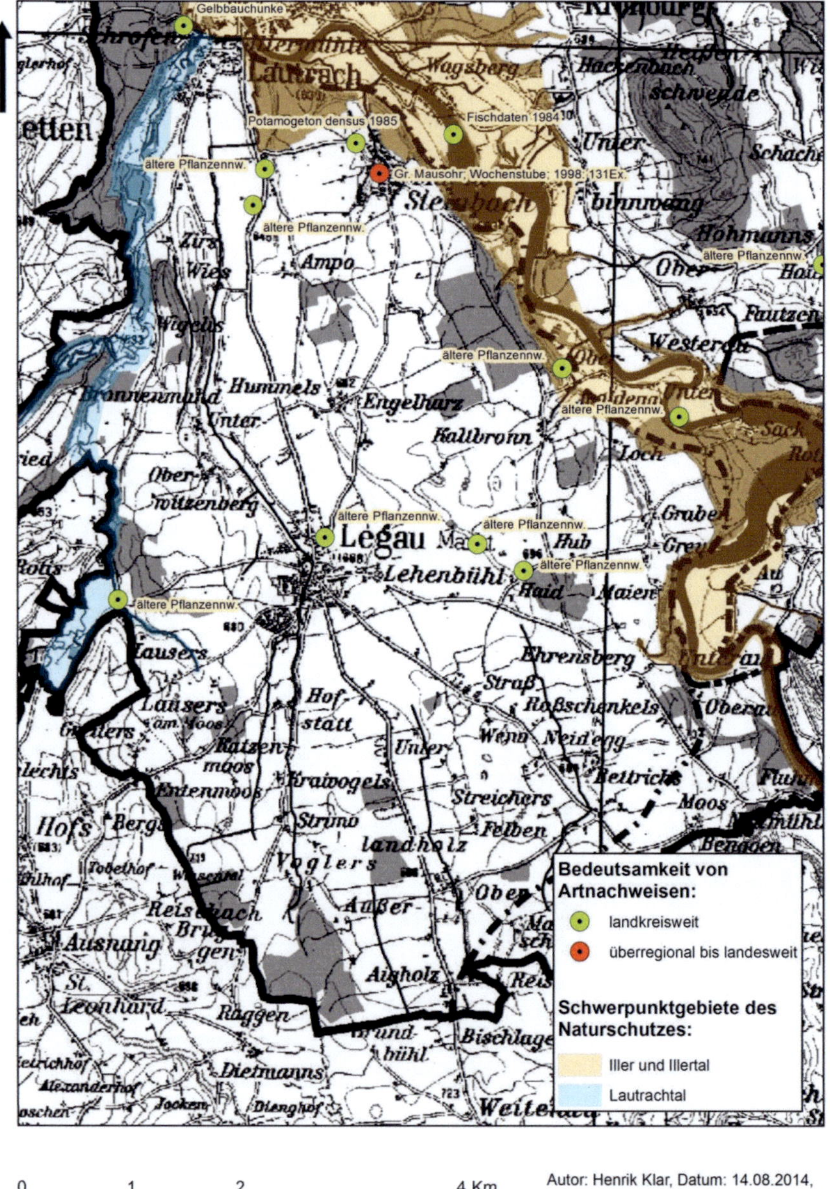

Karte 4: ABSP-Punkte und Schwerpunktgebiete um Legau

7.1.2 Zielarten für das Areal von *Rapunzel*, Legau

Das Auswahlschema ergab aus den herangezogenen Quellen lediglich eine Art als mögliche Zielart für das Areal von *Rapunzel*:

- Schleiereule (*Tyto alba*)

Da die Ergebnisse der Anwendung des Auswahlschemas zunächst nicht so eindeutig schienen, sind einige Erläuterungen und Begründungen nötig. Ich hole hier weiter aus, um hervorzuheben, wie wichtig das Einbeziehen des Umfeldes bei der Auswahl von Zielarten für ein Unternehmensareal ist. Neben der Schleiereule schien es zunächst, als seien auch das Große Mausohr (*Myotis myotis*) sowie der Weißstorch (*Ciconia ciconia*) mögliche Zielarten. Auch diese Arten haben auf den ersten Blick Lebensraumansprüche, die grundsätzlich mit dem Areal vereinbar scheinen, sind es doch Arten, die häufig in Siedlungen angetroffen werden. Sie sind attraktiv und haben grundsätzlich das Potential, die Fläche zu erreichen und diese zu nutzen. Jede der Arten erfüllt mindestens eines der Einzelkriterien im Auswahlschema. Würde man dem Auswahlschema nun weiter folgen würde es ergeben, dass das Große Mausohr als primäre Zielart benannt wird und die Schleiereule oder der Weißstorch als sekundäre Zielart.

Betrachtet man nun die möglichen Zielarten für das Areal von *Rapunzel* im lokalen Kontext, fällt zwangsläufig auf, dass die Lebensgrundlagen für das Große Mausohr in der Umgebung des Betriebsgeländes nicht oder nur eingeschränkt in größerer Entfernung gegeben sind: Das Große Mausohr benötigt zum Jagen mittelalte bis alte Laubwälder, in denen keine Strauch- oder erste Baumschicht ausgeprägt ist und die niedrigsten Zweige in mehreren Metern Höhe über dem Boden wachsen. Zusätzlich sollte eine deutliche Auflage aus Laubstreu bestehen. Bayernweit ist der Anteil derartig geprägter Laubwälder im Umkreis der Kolonien überdurchschnittlich hoch (LFU: 2004; 211). Legau ist jedoch im Umkreis von mehreren Kilometern von waldfreiem Wirtschaftsgrünland umgeben. Die bestehende Kolonie des Großen Mausohrs in Steinbach liegt in direkter Nachbarschaft zu den Wäldern an der Illerleite, die wohl ein ideales Jagdhabitat für die Art sein dürfte. Als Quartiere bevorzugt die Art in der Regel ältere Dachstühle (LFU: 2004; 208). Da im Hinblick auf diese Faktoren auf dem Areal von *Rapunzel* realistisch betrachtet kaum Maßnahmen möglich sind, ist es nicht sinnvoll, die Art hier als Zielart einzusetzen. Die Art hat also, um in der Terminologie des Auswahlschemas zu bleiben, keine realistische Chance das Gelände zu nutzen.

Bezüglich des Weißstorches ist für eine Ansiedlung eine Grundvoraussetzung, dass im Umkreis von bis zu fünf Kilometern um den Horstplatz potentielle Jagdgebiete in Form von Feuchtgrünland, Auen oder Flussniederungen vorhanden sind (WWF: 2007; 2). Einer anderen Quelle zufolge sollten solche Flächen im Umkreis von zwei Kilometern um den Horst vorhanden sein (SMUL Sachsen: 2011). Die einzigen unter Umständen in Frage kommenden Flächen im Umkreis von Legau liegen an der Iller und damit knapp außerhalb des fünf Kilometer Radius. Dass der Weißstorch in der Regel in Siedlungen eine Reihe von Nistmöglichkeiten findet (Bäume, Kirchtürme, Dächer, Strommasten, etc.) und sich in Legau noch kein Storch zur Brut niedergelassen hat, spricht dafür, dass die Bedingungen in der Umgebung der Ortschaft nicht ausreichen, um dem Storch ein Bruthabitat zu bieten. Fördermaßnahmen für den Weißstorch müssten also eher bei der Art der Grünlandbewirtschaftung ansetzen, als bei der Bereitstellung von Nistgelegenheiten. Da die Grünflächen auf dem Areal von *Rapunzel* bei weitem nicht ausreichen, um nach eventuellen Maßnahmen ein Jagdhabitat bieten zu können, scheidet der Weißstorch als Zielart aus.

Somit verbleibt lediglich die Schleiereule als primäre Zielart.

Da die Maßnahmen zur Förderung der Schleiereule nur in einem geringen Ausmaß zur Aufwertung des im Ganzen betrachteten Areals beitragen würden, möchte ich für das Gelände von *Rapunzel* trotzdem eine weitere Zielart benennen. Da das bisher angewandte Auswahlschema lediglich eine Zielart hervorbrachte, ist zum Ableiten weiterer Maßnahmenvorschläge eine abweichende Vorgehensweise nötig. Ich habe mich darum für den einfachen Weg entschieden, Ziele, die im ABSP für Siedlungen erwähnt werden, aufzugreifen und auf dieser Grundlage eine sekundäre Zielart zu benennen: Im ABSP für den Landkreis Unterallgäu wird u.a. als Ziel definiert, dass Streuobstanlagen die Randbereiche der Siedlungen bilden sollen, um die Strukturvielfalt in den Übergängen zur freien Landschaft zu erhöhen (LFU: 1999; 3.10/5). Da das Areal von *Rapunzel* am Ortsrand von Legau liegt, ist es sinnvoll, dieses Ziel hier zu verfolgen. Von den regional bedeutsamen Arten, die im ABSP genannt werden, gelten zumindest der Neuntöter (*Lanius collurio*) und der Gartenrotschwanz (*Phoenicurus phoenicurus*) als typisch für Streuobstbestände (NABU Baden Württemberg: 2014). Beide Arten sind jedoch nicht optimal als Zielart für die Neuanlage von Streuobstbeständen geeignet: Der Neuntöter bevorzugt als Nisthabitat dornige Sträucher wie Schlehe (*Prunus spinosa*), Weißdorne (*Crataegus* spec.), Brombeeren (*Rubus* spec.) oder Heckenrosen (*Rosa* spec.). Diese Arten treten unter anderem häufig in weniger intensiv genutzten oder in Sukzession befindlichen Streuobstbeständen auf, welche ein ideales Nahrungshabitat für den Neuntöter sind (LFU: 2013b). Der Gartenrotschwanz nutzt eher alte Obstbestände als Nisthabitat, da er bevorzugt in Baumhöhlen nistet. Das Anbringen von Nistkästen als Ersatz zeigte jedoch nur teilweise Erfolge (DIERSCHKE: 2014; 65). Da die Pflanzung von Dornensträuchern in Streuobstbeständen offensichtlich eine einfachere Maßnahme ist, als alte Streuobstbestände mit Baumhöhlen anzulegen, ist es folglich auch einfacher, günstige Habitatbedingungen für den Neuntöter als für den Gartenrotschwanz zu schaffen. Darum benenne ich den Neuntöter als sekundäre Zielart.

7.1.2.1 Schleiereule (*Tyto alba*)

Die Schleiereule zählt zu den mittelgroßen heimischen Eulen. Ihren deutschen Namen trägt die Art wegen des auffälligen herzförmigen Gesichtsschleiers. Während die Art in Südeuropa sowie auf den britischen Inseln häufig in Fels- und Baumhöhlen brütet, hat sie sich in Mitteleuropa etwa seit dem Mittelalter zur Kulturfolgerin entwickelt. Die Art ist mit gut 30 Unterarten über weite Gebiete der Erde verbreitet, wobei der Verbreitungsschwerpunkt in tropischen und subtropischen Breiten liegt. Lediglich in Europa und Nordamerika tritt sie auch in der gemäßigten Klimazone auf. Da die Schleiereule nur wenig Fett speichern kann, meidet sie Gebiete mit strengen, schneereichen Wintern. In der gemäßigten Klimazone können somit ungewöhnlich stark ausgeprägte Winter zu Bestandseinbußen von bis zu 90% führen. (MEBS & SCHERZINGER: 2000; 114 ff.)

Die Schleiereule erreicht bei einem Gewicht von bis zu 370g eine Spannweiten bis zu 98 cm und eine Körpergröße von bis zu 34 cm. Männchen und Weibchen sind anhand äußerlicher Merkmale nicht zu unterscheiden. Das auffälligste Kennzeichen der Art ist der namensgebende, herzförmige Gesichtsschleier. Der Schleier ist seidenglänzend weißgrau bis ockergelb und um die relativ kleinen schwarzen Augen und zum langestreckten Schnabel hin eher rostbraun. Die Färbung des Gefieders ist bei der in Mitteleuropa auftretenden Unterart allgemein eher hell, wobei die Oberseite grau mit feinen schwarz-weißen Fleckchen und die Unterseite gelbbraun mit kleinen dunkelbraunen Flecken ist. Die Flügel, die bei der sitzenden Eule den Schwanz um etwa 3cm überragen sind relativ lang und schlank. (MEBS & SCHERZINGER: 2000; 114 f.)

Ihren europäischen Verbreitungsschwerpunkt hat die Schleiereule in den wintermilden Regionen im Westen und Südwesten. In Spanien und Frankreich liegt der Brutbestand insgesamt zwischen 70.000 und 140.000 Paaren, während er in ganz Mitteleuropa zwischen 14.000 und 22.000 Paaren schwankt (MEBS & SCHERZINGER: 2000; 118). Im Landkreis Unterallgäu schwankt der Brutbestand zwischen 10 und 30 Paaren (Gesamt Bayern: 600-1200 Brutpaare) (LFU: 1999; 222B/2). Schleiereulen werden in freier Natur bis zu 22 Jahre alt. Jedoch erreicht nur ein geringer Prozentsatz der Tiere ein Alter von über 4 Jahren. Männchen und Weibchen werden schon vor dem Ende des ersten Lebensjahres geschlechtsreif und ein Paar kann, abhängig vom Nahrungsangebot, in zwei Bruten pro Jahr bis zu 19 Junge aufziehen (MEBS & SCHERZINGER: 2000; 125 ff.). In den gemäßigten Breiten lebt die Schleiereule hauptsächlich im Tiefland und klimatisch begünstigten, höher gelegenen Regionen. In den Alpen fehlt sie weitgehend. In Mitteleuropa ist ihre Lebensweise sehr eng mit dem Menschen verbunden. Sie lebt in dessen unmittelbarer Nachbarschaft in Gebäuden wie Kirchtürmen, Scheunen oder Dachböden. Hier nutzt sie ungestörte Schlupfwinkel als Tagesruhesitz und Brutplatz. Zum Jagen benötigt die Schleiereule an Kleinsäugern reiche, offene oder halboffene Bereiche der Kulturlandschaft. Eine große Bedeutung fällt dabei dem Dauergrünland zu, da es hier, zeitlich begrenzt, zu Massenvermehrungen der Feldmaus kommen kann. (MEBS & SCHERZINGER: 2000; 116) Bei hoher Schneelage im Winter jagen die Eulen auch innerhalb von geräumigen Gebäuden wie Scheunen oder Getreidespeichern (MEBS & SCHERZINGER: 2000; 114). Die Siedlungsdichte der Art ist geprägt von starken Bestandsschwankungen durch Winterverluste und schwankendem Nahrungsangebot. Im Optimalfall kann die Siedlungsdichte bis zu 30 Paare auf 100 km² betragen, derzeit liegt sie in weiten Teilen Mitteleuropas jedoch bei etwa 5 Paaren pro 100 km². Das Streifgebiet während der Jungenaufzucht hat dabei eine Größe von durchschnittlich gut 400 ha, was einem Aktionsradius von wenigen Kilometern entspricht. Die Brutplätze einzelner Paare liegen teilweise erstaunlich nah zueinander (teilweise unter 100 m), weshalb sich die Jagdreviere durchaus überlappen können (MEBS & SCHERZINGER: 2000; 117 f.). Die flüggen Jungvögel wandern in den Herbstmonaten in alle Richtungen ab. In Süddeutschland wandert dabei etwa die Hälfte der Jungen weniger als 50 km. Es wurden jedoch auch Wanderungen über mehrere tausend Kilometern beobachtet. Bei Altvögeln herrscht in der Regel eine starke Bindung an den Brutplatz vor, es wurden jedoch auch bei adulten Tieren Umsiedlungen über mehrere hundert Kilometer beobachtet (MEBS & SCHERZINGER: 2000; 129). Das Hauptbeutetier der Schleiereule ist die Feldmaus, die bis zu 95% der Gesamtnahrung bilden kann. Daneben werden jedoch auch andere Mäuse und zu einem geringen Anteil Vögel und Lurche gejagt (MEBS & SCHERZINGER: 2000; 123).

Wie erwähnt zeigt die Schleiereule allgemein große Bestandsschwankungen, die auf schneereiche Winter und schwankende Feldmausgradationen zurückzuführen sind. Durch die hohe Reproduktivität werden Bestandslücken jedoch in Jahren mit reichem Nahrungsangebot schnell aufgefüllt. Über die letzten 50 Jahre wurde gleichwohl ein anhaltender Bestandsrückgang beobachtet. Dies hat mehrere Gründe. Hauptursache für den Bestandsrückgang dürfte die großflächige Intensivierung der Landwirtschaft sein. Flächen, die in Ackerland oder Maisfelder umgewandelt wurden, können von der Schleiereule nicht mehr als Jagdhabitat genutzt werden. Ebenso hat die Vernichtung von Saumbiotopen im Rahmen der Flurbereinigung zum Habitatverlust der Beutetiere geführt. Ein weiterer Aspekt ist die Lagerung von Getreide und Mais in Silos, wodurch den Tieren in strengen Wintern keine Mäuse mehr in Scheunen und Speichern als Nahrung zur Verfügung stehen. Zusätzlich führten, insbesondere in den 50er und 60er Jahren, Sekundärvergiftungen durch Pestizide zu großflächigen Bestandseinbußen. Mit der zunehmenden Tendenz des Kraftverkehrs gibt es auch sehr viele Verkehrsopfer, zumal an Straßengräben und Böschungen in der Regel mehr Mäuse auftreten als auf angrenzenden Feldern (MEBS & SCHERZINGER: 2000; 129 f.). In der Roten Liste des IUCN und Deutschlands wird die Schleiereule als „nicht gefährdet" geführt. Auf der Roten Liste Bayerns wird sie als „stark gefährdet" geführt, wobei die Populationen in Nordbayern als „nicht gefährdet" gelten, die Teilpopulationen in Ostbayern sowie im Alpenvorland jedoch als „vom Aussterben bedroht" (LFU: 2003).

Ein wichtiger Bestandteil der Schutz- und Fördermaßnahmen für Schleiereulen ist die Erhaltung bestehender Brutplätze bzw. die Schaffung neuer Nistmöglichkeiten. Eine einfache Möglichkeit, einen neuen Brutplatz zu schaffen ist es, Kirchtürme, Trafohäuschen, Scheunen, etc. mit Einflugöffnungen zu versehen, die über einen gewinkelten Gang mit einem Nistkasten im Inneren des Gebäudes verbunden sind. Der Kasten sollte mindestens 100 cm lang, 60 cm breit und 50 cm hoch sein. Der gewinkelte Gang sorgt für Verdunkelung innerhalb des Kastens, was den Eulen angenehm ist. Der Kasten schützt Eulen und Gelege auf der einen Seite vor Katzen oder Mardern und verhindert auf der anderen Seite eine Verschmutzung des Gebäudes. Nistkästen müssen jedoch nicht zwingend an Gebäuden angebracht werden; auch freistehende Nistkästen auf Pfählen werden von den Eulen angenommen. Neben der Bereitstellung von Nistmöglichkeiten stellt die Sicherung der Jagdgebiete einen Schwerpunkt der auf Schleiereulen bezogenen Fördermaßnahmen dar. Ziel ist es dabei, entsprechend große, möglichst extensiv genutzte, Dauergrünlandflächen zu erhalten. Ein wichtiger Aspekt ist dabei, dass Sitzwarten auf den Flächen vorhanden sind. In extremen, schneereichen Wintern, sollten zudem schneefreie Bereiche zur Jagd geschaffen werden, in denen ggf. auch Futter ausgelegt werden kann, um Mäuse anzulocken. (MEBS & SCHERZINGER: 2000; 130 f.)

Das Gebiet um Legau scheint als Habitat für Schleiereulen relativ gut geeignet. Durch die relativ hohen Jahresniederschläge wird hier hauptsächlich Grünlandwirtschaft, vielfach in Form extensiver Beweidung betrieben (vgl. 6.1.1). Auch die Jahresdurchschnittstemperatur von 7,3° C kann als Indiz herangezogen werden, dass das Gebiet für die Schleiereule nicht zu kalt ist: Zahlreiche unbelegte, nichtwissenschaftliche Quellen geben an, dass Schleiereulen Gebiete meiden, in denen die Jahresdurchschnittstemperatur unter 6° C fällt.

7.1.2.2 Neuntöter (*Lanius collurio*)

Der Neuntöter ist ein tagaktiver Singvogel (*Passeri*) aus der Familie der Würger (*Laniidae*). Das Brutgebiet des Zugvogels erstreckt sich über weite Teile Eurasiens, von der spanischen Atlantikküste bis östlich des Urals. Im Norden brütet er vereinzelt bis zum Polarkreis, im Süden bis Sizilien. Das Hauptüberwinterungsgebiet liegt in Afrika, südlich des Äquators und wird von den Mitteleuropäischen Vögeln über das östliche Mittelmeer und Ostafrika erreicht. Einzelnachweise belegen jedoch auch den Zug über die Straße von Gibraltar. Der Heimzug in die Brutgebiete erfolgt über eine östlichere Route durch die Türkei. Die Ankunft in Mitteleuropa erfolgt zwischen Ende April und Ende Mai, der Wegzug zwischen Mitte Juli und Anfang Oktober (BEZZEL: 1993; 507 ff.). In Bayern brütet die Art fast flächendeckend, größere Lücken sind jedoch im ostbayerischen Grenzgebirge, den Alpen, im südlichen Alpenvorland sowie im östlichen Niederbayern erkennbar. Der Bestand in Bayern wird auf 12.000-15.000 Brutpaare geschätzt (LFU: 2013b) (im Landkreis Unterallgäu ca. 100 Brutpaare (LFU: 1998; 2/2.2.2B)). Neuntöter sind mit bis zu 17cm Körperlänge und einer Spannweite von 24 bis

27 cm etwas größer als Sperlinge (DIERSCHKE: 2014; 80). Sie haben einen relativ großen Kopf und einen kräftigen Hakenschnabel (BEZZEL: 1993; 506). Auffälligstes Merkmal der Männchen ist ein breiter schwarzer Streifen von der Schnabelbasis durch das Auge bis zum Hinterkopf („Augenbinde"). Der Oberkopf des Männchens ist grau, die Oberseite und Flügel rotbraun, zu den Flügelspitzen hin dunkelbraun. Der Bürzel ist aschgrau, am Oberschwanz geht die Färbung in eine schwarz-weiße Musterung über. Die Unterseite ist Weiß, mit leichter Tendenz zu rosa bis weinrot. Das Weibchen ist am Oberkopf und auf der Oberseite graubraun bis rostbraun, an den Flügelspitzen dunkelbraun. Die Unterseite ist weiß bis rahmfarben mit brauner Bänderung (BEZZEL: 1993; 506, DIERSCHKE: 2014; 80). Die ältesten beringten Vögel erreichten ein Alter von 7 Jahren (BEZZEL: 1993; 511).

Der Neuntöter bevorzugt als Bruthabitat offene und halboffene Landschaften mit aufgelockertem Buschbestand und Einzelbäumen in thermisch begünstigter Lage. Häufig wird der Vogel etwa auf verschiedenen Sukzessionsflächen, in Heckenlandschaften und Feldgehölzen auf Kahlschlägen und Aufforstungsflächen, auf Streuobstwiesen, an buschreichen Waldrändern, aber auch in Parkanlagen, verwilderten Gärten oder aufgelassenen Industrieanlagen angetroffen (BEZZEL: 1993; 509). Ein Großteil (60%) der Bruten des Neuntöters findet in Dornbüschen statt (z. B. Brombeere, Schlehe, Weißdorn und Heckenrose). Weitere Brutplätze sind dornenlose Büsche, wie Holunder oder Hartriegel (20%), Fichten (11%) und Laubbäume, insbesondere Apfelbäume (9%) (BEZZEL: 1993; 510 f.). Die Brut findet zwischen Mai und Juli statt, wobei im Schnitt 5-6 Eier ausgebrütet werden (je später die Brut, desto weniger Eier werden ausgebrütet). Die Brut dauert 14-16 Tage, die Nestlingsdauer beträgt 13-15 Tage, wobei nur das Weibchen brütet und hudert[20] und das Männchen anfänglich allein füttert. Nach 37-38 Tagen sind die Jungen selbstständig (BEZZEL: 1993; 511).

Neben der Brut werden Gehölze vom Neuntöter auch als Wachplätze und als Jagdwarten genutzt. Bei günstigen Witterungsbedingungen betreiben die Tiere vor allem Flugjagd, bei feuchtem, kühlem Wetter eher Bodenjagd (BEZZEL: 1993; 510). Die Nahrung besteht dabei hauptsächlich aus Insekten (vor allem Käfer, Heuschrecken, Hautflügler), ferner werden jedoch auch Spinnen und Kleinsäuger (z. B. junge Feldmäuse) gejagt (BEZZEL: 1993; 509). Größere Beutetiere werden anschließend als Vorrat oder zur Zerkleinerung häufig auf Dornen in den Niststräuchern aufgespießt. Ein solches „Vorratslager" kann bis zu 30 Beutetiere umfassen (Der deutsche Name der Art ist von diesem Verhalten abgeleitet) (BEZZEL: 1993; 510).

Da die vom Neuntöter genutzten Habitattypen häufig von kurzer Bestandsdauer sind, unterliegt der Bestand naturgemäß Schwankungen (BEZZEL: 1993; 507). Ab den 1950er Jahren und spätestens in den 70er und 80er Jahren ist der Neuntöter jedoch europaweit deutlich seltener geworden. Hauptgründe sind Strukturveränderungen in der Agrarlandschaft (Flurbereinigung), Verbrauch und Versiegelung offener Flächen sowie die Abnahme des Nahrungsangebotes durch Intensivierung der Landwirtschaft, sowohl in den Brut- als auch in den Überwinterungsgebieten (BEZZEL: 1993; 507). Nachdem der Neuntöter 1985 „Vogel des Jahres" war, wurden eine Reihe von Maßnahmen zum Schutz und auch zur Neuanlage von Hecken und Feldgehölzen ergriffen. Dies hat wohl dazu beigetragen, dass sich die Bestände in den folgenden Jahren erholt haben, weshalb er seit 2002 nicht mehr auf der Roten Liste Deutschlands geführt wird. Auch in den meisten anderen europäischen Ländern hat sich die Bestandsentwicklung stabilisiert und ist teilweise sogar positiv. Auf den britischen Inseln gilt er jedoch seit den 1990er Jahren als ausgestorben (BEZZEL: 1993; 507, NABU, 2014). Trotz der insgesamt positiven Entwicklung sollte dem Neuntöter weiterhin besondere

---

[20] „Hudern" bezeichnet den Schutz oder das Wärmen der Jungvögel durch einen Altvogel (DUDEN; 2014).

Aufmerksamkeit des Naturschutzes zukommen (LFU: 2013b). Fördermaßnahmen zielen neben der Erhaltung, der Entwicklung und der Anlage von gebüsch- und heckenreichen Landschaften darauf ab, extensiv genutzte Bereiche im Grünland zu fördern (LFU: 2013b).

Die Situation in Legau scheint insgesamt relativ geeignet für Maßnahmen zur Förderung des Neuntöters. Die Zeigerwerte der aufgenommenen Arten weisen das Gelände als thermisch eher begünstigt aus. Zudem finden sich in der Umgebung von Legau einige mehr oder weniger extensiv genutzte Grünlandflächen und auch auf dem Areal von *Rapunzel* dürfte schon heute der relative Strukturreichtum ein grundlegendes Nahrungsangebot begünstigen. Jedoch sind auf dem Betriebsgelände und in dessen Umgebung Hecken oder Gebüsche als potentielle Niststrukturen relativ selten.

7.2 *Bergader*, Waging

In diesem Unterkapitel gebe ich zunächst einen Überblick über die naturschutzfachlichen Eigenheiten der Umgebung von Waging am See (7.2.1). Im zweiten Abschnitt (7.2.2) erläutere und begründe ich die Auswahl der Zielarten für das Areal von *Bergader* und beschreibe die Eigenschaften dieser Arten jeweils (7.2.2.1/7.2.2.2).

7.2.1 Bilanzen, Ziele, Maßnahmen und Schwerpunkte des Naturschutzes in und um Waging

In der naturräumlichen Untereinheit „Jungmoränenlandschaft des Salzach-Hügellandes" sind im Hinblick auf die Erhaltung der heimischen Artenvielfalt insbesondere Feuchtgebiete, Fließgewässer mit deren Begleitvegetation (inkl. Feucht- und Schluchtwäldern), Stillgewässer mit deren Verlandungszonen und mageren Trockenstandorte von Bedeutung.
Die Flächengrößen, die qualitative Ausprägung und/oder die Verbundlage der Biotope sind derzeit jedoch nur in wenigen Fällen ausreichend, um die Erhaltung der typischen Artengemeinschaften auf Dauer zu ermöglichen. Vorhandene Biotope sind oft zu kleinflächig, zu wenig strukturiert und zu wenig gegen randliche Nähr- und Schadstoffeinträge abgeschirmt (LFU: 2008; 4.7/11). Folglich konzentrieren sich die vorrangigen Ziele und Maßnahmen des Naturschutzes auf die Erhaltung, Förderung und Aufwertung der genannten Lebensräume.

In der naturräumlichen Untereinheit „Jungmoränenlandschaft des Salzach-Hügellandes" konzentrieren sich die Flächen des ABSP vor allem im südlichen Abschnitt. Hier liegen die größten Moorkomplexe (z. B. Schönramer Filz, Weitmoos, Wieninger, Demmel- und Kammerfilz), das einzige Wiesenbrütergebiet des Naturraums, der Waginger-Tachinger See mit seinen Verlandungszonen sowie die meisten Bachschluchten (z. B. Wiener Graben und Altofinger Bach, Lohbach und Ramgraben). Im südlichen Teil des Naturraums wurden deshalb drei Schwerpunktgebiete des Naturschutzes ausgewiesen. Dies sind das Waginger Zungenbecken, die Moore und Bachsysteme zwischen Waginger Zungenbecken und Surtal sowie das obere Surtal (LFU: 2008; 4.7/6). Für das Waginger Gebiet relevant, da sie direkt angrenzen, sind davon die beiden zuerst genannten. Die konkreten Ziele und Maßnahmen für diese Schwerpunktgebiete sind im Rahmen dieser Arbeit nicht relevant. Trotzdem führe ich anschließend der Vollständigkeit halber deren naturschutzfachliche Bilanzen an, da sie einen guten Überblick über den Fokus des Naturschutzes in der Umgebung von Waging geben.

Das „**Waginger Zungenbecken**" weist eine Reihe sehr hochwertiger Lebensräume auf, die erhalten und optimiert werden sollen. Durch Entwässerung und Nutzungsintensivierung ist jedoch ein Rückgang an wertvollen Feuchtflächen zu verzeichnen. Verbesserungswürdig ist auch der Biotopverbund zwischen den einzelnen höherwertigen Bereichen (LfU: 2008; 4.7/19).

Dem Schwerpunktgebiet „**Moore und Bachsysteme zwischen Waginger Zungenbecken und Surtal**" kommt zur Erhaltung der heimischen Artenvielfalt insbesondere im Hinblick auf Fließgewässer mit ihrer Begleitvegetation, Wälder (insbesondere Schluchtwälder) und Feuchtgebiete (insbesondere Hochmoorkomplexe) eine besondere Bedeutung zu. Die ehemaligen von Bächen durchflossenen Schmelzwasserrinnen sind wichtige Verbundachsen zwischen den Feuchtgebieten des Surtales, den Moorkomplexen der naturräumlichen Untereinheit und der Feuchtgebietszone um den Waginger- und Tachinger See. Die verschiedenen Waldbiotoptypen sind im Hinblick auf Flächengrößen und die Verbundlage ausreichend, die Biotopstruktur und -ausprägung nur in einigen Fällen (insbesondere entlang der Bachschluchten) ausreichend, um die typischen Artengemeinschaften zu erhalten. Die Wälder sind vor allem hinsichtlich ihrer Funktion, Nähr- und Schadstoffe von den Fließgewässern und den ausgedehnten Moorgebieten abzuhalten bedeutsam. Hauptbelastungsfaktoren für die Moorkomplexe und teilweise auch die Biotoptypen der Schmelzwassertäler sind systematische Entwässerungen, Torfabbau, Aufforstungen und der Nährstoffeintrag aus der Landwirtschaft. Stellenweise werden auch Müll- und Bauschuttablagerung sowie die Schädigung durch Beweidung wirksam. Neben den wertmindernden Auswirkungen auf Einzelbestände wirken sich die genannten Biotopbeeinträchtigungen vor allem nachteilig auf den Biotopverbund aus (LfU: 2008; 4.7/27).

In der näheren Umgebung von Waging finden sich weiterst folgende hervorzuhebende ABSP-Objekte und Flächen: (vgl. Karten 5, 6 und 7):

Von den **Mooren um Waging** ist das am großflächigsten erhaltene das Demmel-/Kammerfilz im Südosten von Waging: Es „[...] ist vollständig von Fichtenwald umgeben, der teilweise von Wiesen und Weiden unterbrochen ist. Der gesamte Moorkomplex ist durch Torfstiche und Fräsflächen großflächig stark beeinträchtigt. Die aufgelassenen Flächen werden von Pfeifengras (Molinia caerulea), zum Teil auch von Weißer Schnabelbinse (Rhynchospora alba) bewachsen. Trotz zahlreicher Entwässerungsgräben sind im Zentralteil noch intakte Bulten-Schlenken-Komplexe erhalten. Alte Torfstich-Flächen sind zum Teil zu einem See aufgestaut, auf trockeneren Partien entwickelte sich ein sekundärer Moorwald. Als Lebensraum zahlreicher gefährdeter Arten, darunter stark gefährdete Arten wie Arktische Smaragdlibelle (Somatochlora arctica), Großes Wiesenvögelchen (Coenonympha tullia) und Hochmoor-Perlmuttfalter (Boloria aquilonaris), ist das Demmel-/Kammerfilz von landesweiter Bedeutung" (LfU: 2008; 4.7/23).

Insbesondere südlich und südwestlich von Waging finden sich einige mehr oder weniger **naturnahe Bachabschnitte**, die in der Regel als lokal bedeutsam eingestuft wurden und insbesondere im Hinblick auf den Biotopverbund zwischen dem Oberen Surtal und dem Waginger-Tachinger See eine wichtige Funktion erfüllen (vgl. Schwerpunktgebiet „Moore und Bachsysteme zwischen Waginger Zungenbecken und Surtal"). Beispiele sind der Dobelbach, der Höllenbach sowie der Panols- und Gänsegraben. Die beiden zuletzt genannten sind zwar z. T. stark verbaut, die fast senkrecht zum Bach abfallende Steilwände sind aber mit einem naturnahen Buchen-, Fichten-, Ahorn-, Eschenmischwald (Schluchtwaldcharakter) bewachsen und weisen zahlreiche Quellaustritte auf. Außerdem konnte hier 1986 der gefährdete Feuersalamander nachgewiesen werden, der vermutlich auch heute noch hier vorkommt (LfU: 2008; 4.7/26).

Ein weiteres wichtiges ABSP-Objekt um Waging ist der **Waginger-Tachinger See** mit seinen Uferzonen, der sich aus dem nördlich gelegenen Tachinger See und dem südlich anschließenden Waginger See zusammensetzt. „Die beiden zusammenhängenden Seen weisen eine Wasserfläche von 897 ha auf und sind wegen ihres Einzugsgebietes mit überwiegend intensiver Landwirtschaft und Siedlungen als eutroph anzusprechen.

Insgesamt haben die zwei Seen 25 Bäche und Gräben als Zuläufe. Die wichtigsten sind für den Waginger See der Höllenbach, der Schinderbach, der Wiener Graben und der Zintenbach, für den Tachinger See der Tenglinger Bach. Den Abfluss des Sees bildet die Götzinger Achen. Schwimmblattgesellschaften mit Teich- und Seerose (Nuphar lutea und Nymphaea alba) kommen im See nur vereinzelt und an geschützten Stellen vor. Beim Vergleich der beiden Seeteile weist der Tachinger See einen üppigeren Bewuchs der Uferregion auf. Er zeigt die Vegetationszonierung eines eutrophen stehenden Gewässers mit Schwimmblattgesellschaften, Röhricht, Laichkraut-Unterwasserwiesen und gelegentlich Characeen-Rasen, wo kalkoligotrophe Quellen am Seeboden austreten. Die Seen sind Lebensraum für landkreisbedeutsame Wasservogelarten wie Teichhuhn, Wasserralle und Zwergtaucher und damit von regionaler Bedeutung.

Naturschutzfachlich besonders wertvoll sind die Süd- und Südostufer des Waginger Sees. In den gut ausgebildeten Schilfbereichen wurden Schilf- und Drosselrohrsänger nachgewiesen. Außerdem brütet hier wahrscheinlich die in Bayern vom Aussterben bedrohte Zwergdommel (mehrmals als „Brutverdacht" kartiert). Landseitig geht der Schilfgürtel in gut erhaltene Kalkflachmoor- und Nasswiesenbereiche über, die u. a. Lebensraum für Bekassine und Sumpfschrecke (Stethophyma grossum) sind. Diese Uferbereiche sind damit für den Arten- und Naturschutz von landesweiter Bedeutung.

Weitere gut ausgebildete Uferbereiche (überregionale Bedeutung) finden sich:
- am Nordostufer des Tachinger Sees südwestlich von Aignsee
- am Ostufer des Tachinger Sees westlich von Bicheln
- am Höllenbach kurz vor der Mündung in den Waginger See nördlich von Fisching
- am Waginger See östlich von Gaden

Am Nordufer des Tachinger Sees sind innerhalb der landwirtschaftlichen Nutzflächen noch einige Feuchtstandorte erhalten. Hier wurde (sic!) zuletzt 1992 zwei Brutpaare des Großen Brachvogels nachgewiesen. Aktuelle Nachweise fehlen trotz der von der unteren Naturschutzbehörde veranlassten Optimierungsmaßnahmen bisher. Im Osten schließen teils bodensaure, basenarme Leitenwälder mit Eiche, Buche und Esche an die Seen an (z. B. westlich von Lampoding). Entlang der Ufer finden sich auwaldartige Reste mit Esche, Traubenkirsche, Ahorn und Ulme" (LFU: 2008; 4.7/16 f.).

Von landesweiter Bedeutung sind außerdem die beiden **Fledermaus-Wochenstuben** in Kirchanschöring und Waging am See. Wochenstuben sind Sommerquartiere, in denen sich die weiblichen Fledermäuse zusammenfinden, um die Jungen zur Welt zu bringen (Fledermausschutz.de, 2014) Hier wurden jeweils mehrere 100 Tiere der stark gefährdeten Wimperfledermaus nachgewiesen. Die Art hat ihren bayerischen Verbreitungsschwerpunkt im Landkreis Traunstein. Weitere überregional bedeutsame Wochenstuben finden sich in Taching, Lauter-Surberg und Kirchanschöring (LFU: 2008; 4.7/11).

Grundsätzlich werden im ABSP Landkreis Traunstein für den Lebensraumtyp „Siedlungen" zahlreiche Ziele und Maßnahmen formuliert. Diese sind in vier Komplexe gegliedert (LFU: 2008; 352/9 ff.):

1. Erhaltung strukturreicher Bereiche innerhalb der Städte sowie in Dörfern und Weilern und Optimierung der Naturschutzfunktion im Siedlungsbereich durch Förderung einer hohen Biotopvielfalt bzw. eines hohen Strukturreichtums:
Dieser Komplex umfasst die ökologische Verbesserung der Gewässer im Siedlungsbereich (z. B. durch Reduktion des Nährstoffeintrages oder Schaffung durchgehender Uferstreifen an Fließgewässern), die Umwandlung von Gehölzpflanzungen zu naturnahen Gebüschen und waldähnlichen Beständen (z. B. durch Verringerung der Pflegemaßnahmen, Belassen der Laubstreu, Einbringung von standortgemäßen einheimischen Strauch- und Baumarten, Belassen von Totholz), die Extensivierung der Grünflächenpflege, die Förderung von Pionier- und Ruderallebensräumen sowie die Berücksichtigung von Naturschutzbelangen bei der Erhaltung und Restaurierung von historischen Gebäuden und deren Umfeld (LFU: 2008; 352/9 f.)

2. Förderung einzelner Tierarten durch gezielte Strukturverbesserungen:
Hier werden diverse Maßnahmen zur Förderung von Fledermäusen, Vögeln, Amphibien, Wildbienen, Grab- und Wegwespen sowie nachtaktiver Insekten angeführt (LFU: 2008; 352/10 f.) t.
-

3. Erhaltung, Förderung und Neuanlage von kleinteilig strukturierten Landschaftsräumen mit extensiv bewirtschafteten Streuobstflächen in den Ortsrandbereichen mit dem Ziel einer besseren Anbindung der Siedlungen an die umliegende Kulturlandschaft (LFU: 2008; 352/11).

4. Berücksichtigung ökologischer Belange bei der Ausweisung, Planung und beim Bau neuer Siedlungs- und Gewerbegebiete:
Hier werden diverse Vorgaben vorgeschlagen, die in die Bauleitplanung integriert werden sollen (z. B. Festlegung eines Versiegelungsanteils, Erhaltung innerörtlicher Freiflächen) (LFU: 2008; 352/11).

Räumlich konkret auf Waging bezogen sind Maßnahmen für die Förderung und den Schutz von Fledermäusen: Die überregional bis landesweit bedeutsamen Fledermausquartiere sollen in Zusammenarbeit mit den Gebäudebesitzern gesichert werden. Dazu sollen jegliche Baumaßnahmen mit der Unteren Naturschutzbehörde abgestimmt werden. Ein- und Ausflugmöglichkeiten sollen außerdem offen gehalten werden und in besiedelten Gebäudeteilen soll auf chemische Behandlung von Holz vollständig verzichtet werden. Zusätzlich sollen insektenreiche Biotope und wertvolle Strukturen wie Laubmischwälder, Hecken, Streuobstbestände, blumenreiche Wiesen, Hohlwege oder Einzelbäume im Umfeld der Quartiere gefördert und gesichert werden (LFU: 2008; 352/11).

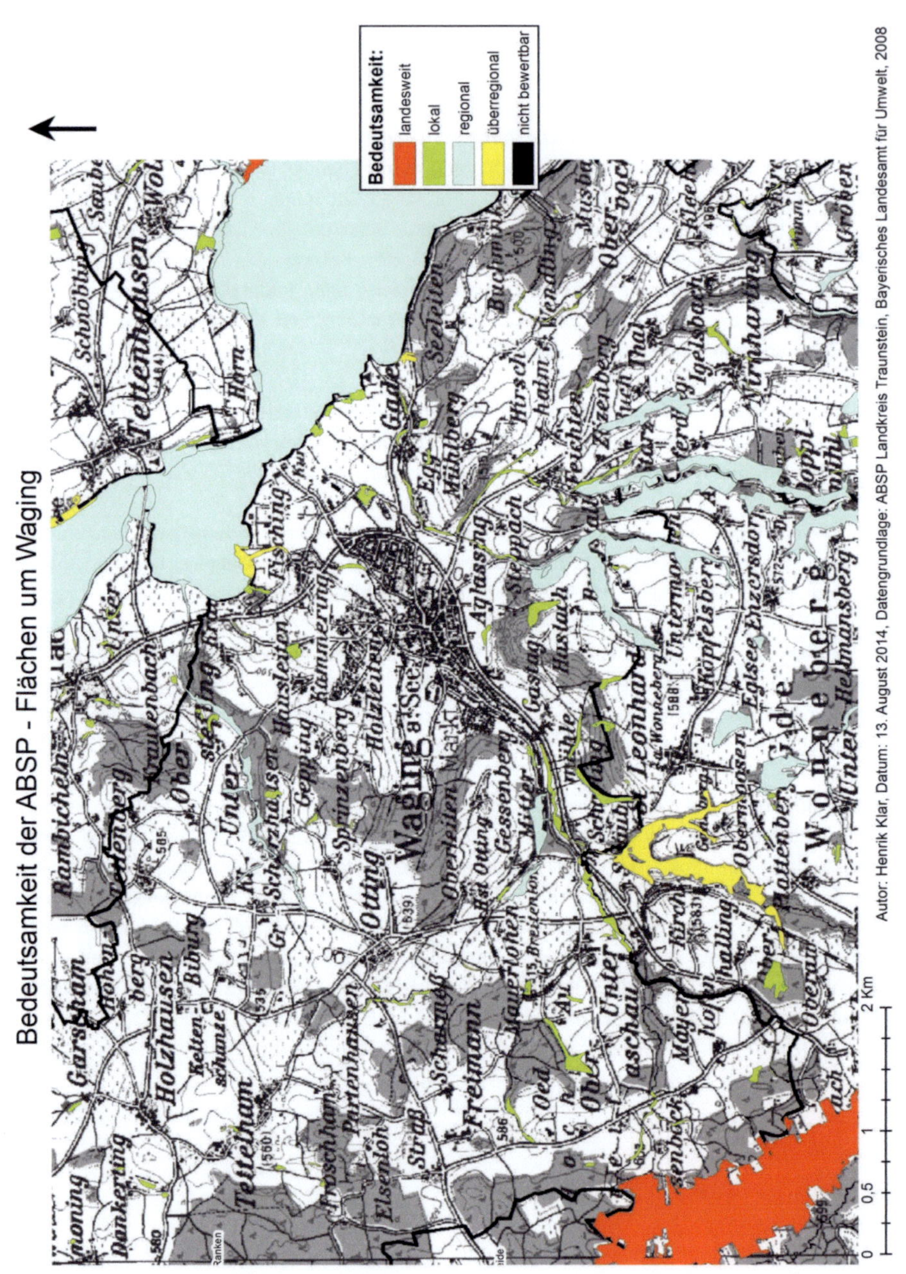

Karte 5: Bedeutsamkeit der ABSP-Flächen um Waging am See.

ABSP - Flächentypen um Waging

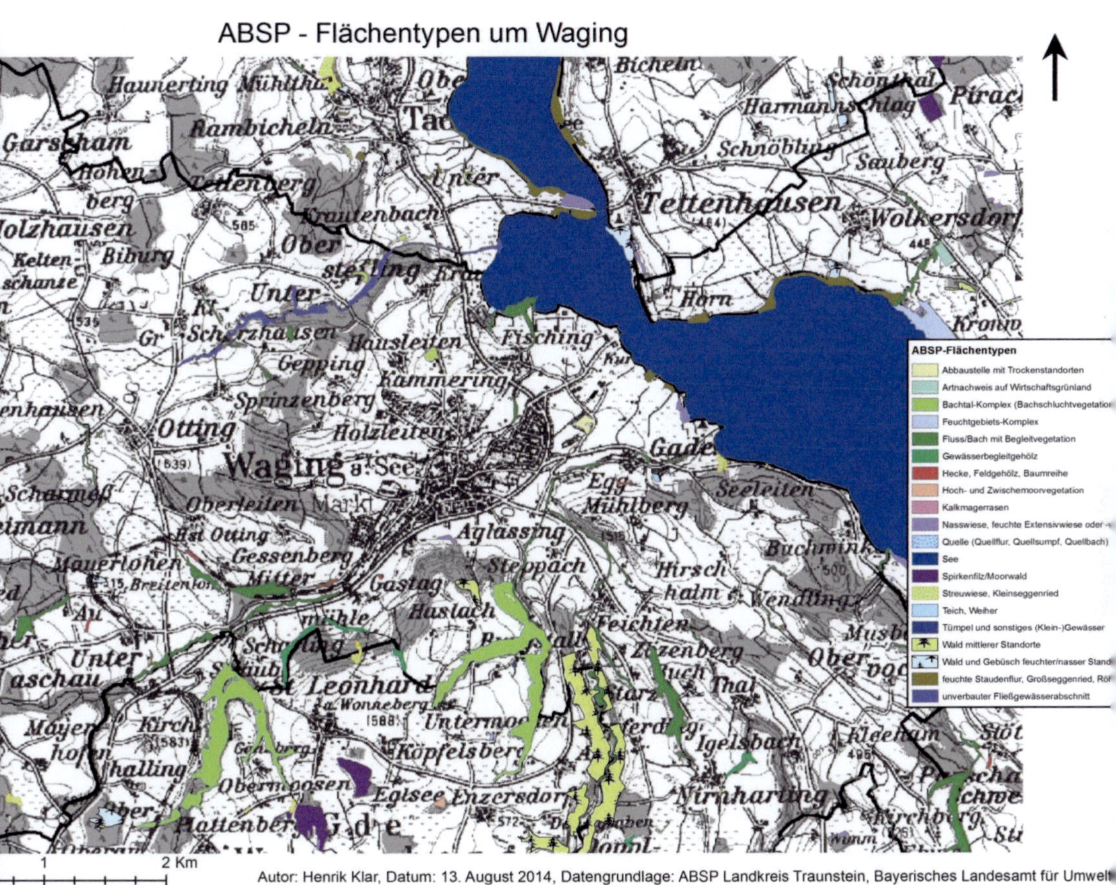

Karte 6: ABSP-Flächen um Waging am See.

Schwerpunktgebiete des Naturschutzes und punktuelle ABSP - Objekte um Waging

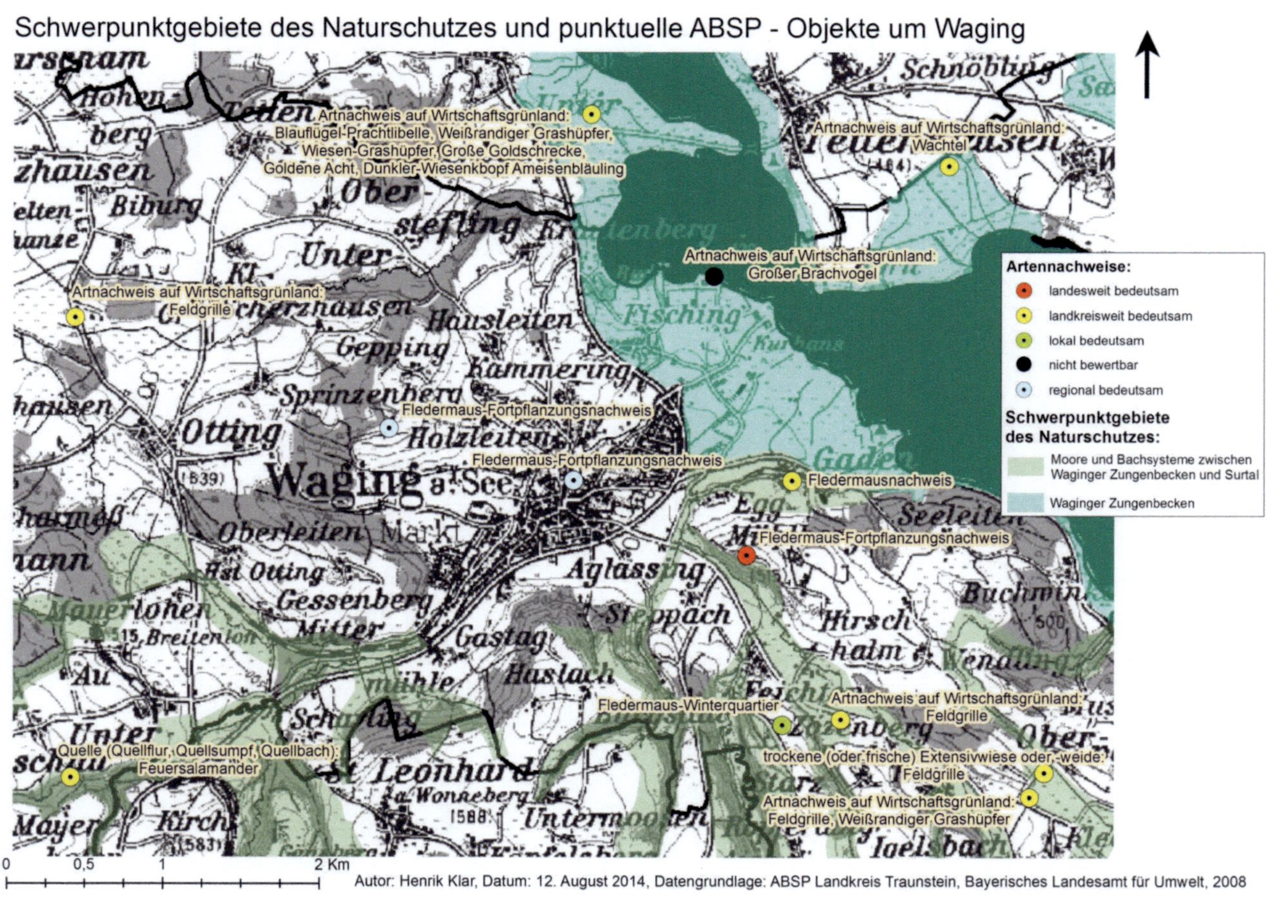

Karte 7: Schwerpunktgebiete des Naturschutzes und ABSP-Punkte um Waging am See.

7.2.2 Zielarten für das Areal von *Bergader*, Waging

Von allen Tierarten, die im Landkreis Traunstein insgesamt oder in den Siedlungen Schwerpunktarten sind oder in der Umgebung des Areals von *Bergader* auftreten erfüllen drei Arten die wichtigsten Kriterien, um Zielarten für die Aufwertung des Areals zu werden. Diese Arten sind:

- Dunkler Wiesenknopf-Ameisenbläuling (*Maculinea nausithous*)
- Schleiereule (*Tyto alba*)
- Wimperfledermaus (*Myotis emarginatus*)

Diese Arten haben Lebensraumansprüche, die grundsätzlich mit dem Areal vereinbar sind, sie sind attraktiv und haben das Potential die Fläche zu erreichen und diese zu nutzen. Jede der Arten erfüllt mindestens eines der Einzelkriterien im Auswahlschema.

Von den erwähnten Arten trifft nur auf die Wimperfledermaus zu, dass Artnachweise im direkten Umfeld zur Untersuchungsfläche vorliegen, sie eine der Schwerpunktarten für den Lebensraumtyp „Siedlungen" und eine der Schwerpunktarten für den Landkreis Traunstein ist. Darum ist, dem Auswahlschema entsprechend, die Wimperfledermaus als die primäre Zielart für das Gelände von *Bergader* zu benennen. Der Dunkle Wiesenknopf-Ameisenbläuling sowie die Schleiereule eignen sich potentiell als sekundäre Zielarten. Beide Arten werden jeweils in zwei Quellen genannt. Folglich entscheidet der Aufwand für die Umsetzung und Erhaltung des Lebensraumes der jeweiligen Art über die weitere Reihung. Der notwendige Aufwand unterscheidet sich vor allem in seiner Komplexität massiv: Für den Dunklen Wiesenknopf-Ameisenbläuling sind blütenreiche Extensivwiesen ein relativ einfach zu schaffendes Nahrungshabitat. Durch die Ansaat des Großen Wiesenknopfes (*Sanguisorba officinalis*) und eine Pflegeextensivierung kann auch ein Vermehrungshabitat geschaffen werden kann, sofern die Wirtsameise vorhanden ist (MINISTERIUM FÜR KLIMASCHUTZ, UMWELT, LANDWIRTSCHAFT, NATUR- UND VERBRAUCHERSCHUTZ DES LANDES NORDRHEIN-WESTFAHLEN: 2012). Die Förderung der Schleiereule gestaltet sich deutlich komplexer. Sie benötigt zur Jagd offene oder halboffene Bereiche der Kulturlandschaft, die reich an Kleinsäugern sind (MEBS & SCHERZINGER: 2000; 116). Die bewährten Fördermaßnahmen für Schleiereulen konzentrieren sich darum in der Regel auf strukturelle Maßnahmen in der Kulturlandschaft (LFU: 2008; 3.5.2/11). Es liegt auf der Hand, dass diese Ansprüche nicht auf dem in der Siedlung gelegenen Firmenareal zu erfüllen sind. Zwar können durch die Anbringung von Nistkästen Schlupfwinkel und Tagesruhesitze geschaffen werden, deren Annahme durch die Schleiereule hängt jedoch von den genannten Voraussetzungen in der umgebenden Kulturlandschaft ab. Es ist darum sinnvoll, den Dunklen Wiesenknopf-Ameisenbläuling als sekundäre Zielart zu benennen. Nicht zuletzt weil dessen Förderung auch das Auftreten anderer Insekten begünstigt, was als Synergie zur Förderung der Wimperfledermaus anzusehen ist (vgl. 7.2.2.1).

Grundsätzlich ist zu beachten, dass das Betriebsgelände von *Bergader* auch nach der Umsetzung von Aufwertungsmaßnahmen wohl kein Ideallebensraum für diese Zielarten sein wird. Hauptgründe sind hier vor allem der geringe Anteil von Freiflächen auf dem Areal sowie eine eventuelle Barrierewirkung der umgebenden Siedlung. Durch die räumliche Nähe von Nachweisen der beiden Arten und der günstigen Bedingungen für die Arten in der Umgebung des Areals ist es grundsätzlich möglich, dass die Arten einen Nutzen von auf sie zugeschnittenen Fördermaßnahmen haben. Aber auch für den Fall, dass die Zielarten die Zielfläche nicht als Habitat annehmen, haben die artbezogenen Fördermaßnahmen den Vorteil, dass fraglos zahlreiche andere Arten von ihnen profitieren können.

In den folgenden Unterkapiteln werden die Ansprüche und Eigenheiten der beiden Zielarten allgemein und im lokalen Kontext erläutert. Zusätzlich führe ich allgemein an, welche Maßnahmen zur Förderung der Arten ergriffen werden können.

7.2.2.1 Wimperfledermaus (*Myotis emarginatus*)

Die Wimperfledermaus (*Myotis emarginatus*) ist eine mittelgroße Fledermausart innerhalb der Gattung der Mausohren (Myotis) und der Familie der Glattnasenfledermäuse (DIETZ et al.: 2007; 242). Dies sind kleine bis mittelgroße, vorwiegend Insektenfressende Tiere, deren Schnauze keine Nasenaufsätze aufweist, woraus sich der deutsche Name ableitet. Glattnasenfledermäuse sind mit 48 Gattungen und mindestens 410 Arten die Größte Familie innerhalb der Fledertiere und auf allen Kontinenten außer der Antarktis vertreten (DIETZ et al.: 2007; 200).

Die Wimperfledermaus erreicht bei einem Gewicht von 6-9 g eine Spannweite von bis zu 24 cm. Sie hat langes, wolliges Fell, das auf dem Rücken rostbraun bis fuchsrot gefärbt ist. Der Rand der Schwanzflügelhaut wird von einem geraden Sporn gestützt und ist bei manchen Tieren mit gekrümmten, dünnen, kurzen Härchen besetzt, woraus sich der deutsche Name ableitet. Die Art gilt als wärmeliebend und ist vom gesamten Mittelmeerraum im Süden bis Belgien im Norden verbreitet. Die Westgrenze der Verbreitung ist der Atlantik, im Osten kommt sie bis Afghanistan vor. In Deutschland kommt sie vor allem im wärmebegünstigten Rheintal und den Isar-Inn-Schotterplatten vor (DIETZ et al.: 2007; 242). Zweiteres ist insofern erstaunlich, da es sich dabei um eine im Vergleich zum übrigen Verbreitungsgebiet relativ kühle und niederschlagsreiche Region handelt. Jedoch befinden sich die Vorkommen im bayerischen Alpenvorland ausschließlich in den durch Föhnwetterlagen klimatisch begünstigten Gebieten, wie dem Rosenheimer Becken oder dem Salzach-Hügelland. Die südbayerischen Fundorte liegen in Höhen zwischen 400 und 1952 Metern, Wochenstuben jedoch in Lagen bis maximal 616 Metern (LFU: 2004; 166 f.). Mit nur 37 Fundorten ab 1985 ist die Wimperfledermaus eine der seltensten Arten in Bayern. Da die Kolonien jedoch stabil und teilweise individuenreich sind, ist sie in Bayern nicht vom Aussterben bedroht (LFU: 2004; 167). In der Roten Liste der IUCN wird sie als „gefährdet" geführt, in der Roten Liste Bayerns als „stark gefährdet" und in der Roten Liste Deutschlands als „vom Aussterben bedroht" (LFU: 2008; 222A/4). Das südbayerische Vorkommen steht mit den südwestdeutschen Vorkommen nicht in Verbindung, hat jedoch im Osten Anschluss an österreichische Vorkommen. Mit gut 3000 Individuen (davon ca. 1500 adulte Weibchen) und 14 bekannten Wochenstubenkolonien weist die Art in Südostbayern eine der höchsten Bestandsdichten Mitteleuropas auf und gilt hier als eines der wichtigsten Vorkommen. Insgesamt leben hier gut 75% des Bestandes der Art in Deutschland (LFU: 2004; 167 f.).

Im Hauptverbreitungsgebiet ist die Wimperfledermaus eine typische Höhlenfledermaus. So finden sich die Wochenstuben der Art in Bayern fast ausschließlich in den Dachstühlen von größeren Gebäuden wie Kirchen und Schlössern (LFU: 2004; 168). Die Wochenstuben sind dabei verhältnismäßig hell, relativ konstant mäßig warm temperiert (Hanglätze, die sich über 30 Grad aufheizen, werden gemieden) und bei einer Firsthöhe von mindestens 5 Metern eher geräumig (LFU: 2004; 168 in Issel & Issel: 1953). Außerdem werden Quartiere bevorzugt, zu denen ein ungehinderter Einflug durch Fenster oder Löcher möglich ist. Einzeltiere in Sommer- und Zwischenquartieren nutzen jedoch eine breitere Palette von Gebäudetypen: Funde wurden unter anderem in Heuschobern,

Holzschuppen, hinter Fensterläden, in Baumhöhlen, hinter abgeblätterter Baumrinde und im Futterhaus einer Wildfütterung gemeldet (LFU: 2004; 169). Als Winterquartiere bevorzugt die Wimperfledermaus Kellern, Stollen oder Höhlen. Bis auf einzelne Funde ist die Lage der Winterquartiere der bayerischen Wimperfledermäuse unbekannt, es wird jedoch vermutet, dass ein Großteil der bayerischen Tiere in Höhlen in den Alpen überwintert (LFU: 2004; 169,173). Als Jagdgebiete bevorzugt die Wimperfledermaus vermutlich Laubwälder und -gehölze sowie strukturreiches, parkartiges Offenland im Umkreis von bis zu zehn Kilometern um die Wochenstube. Es besteht eine Tendenz zu Gebieten, die in der Nähe von Flüssen mit ausgedehnten Auwäldern liegen oder von Bächen durchzogen sind. Es wurden jedoch auch Tiere beobachtet, die innerhalb geschlossener Siedlungen, in Kuhställen, Obstgärten oder über Misthaufen jagten (LFU: 2004; 170). Die Tiere fliegen zur Jagd gemeinsam zwischen 17 und 23 Minuten nach Sonnenuntergang aus. Etwa 50 Minuten vor Sonnenaufgang beginnt der Einflug ins Quartier, wobei die Tiere vor der Einflugöffnung schwärmen. Wahrscheinlich sammeln die Fledermäuse hauptsächlich sitzende Insekten von Blättern ab. Darum jagen sie in erster Linie nach tagaktiven oder flugunfähigen Käfern, Schmetterlingen, Spinnen oder Netzflüglern (LFU: 2004; 171). Der Schutz der Wimperfledermaus in Bayern zielt heute in erster Linie auf den Schutz der bekannten Wochenstuben ab. In diesen soll beispielsweise während der Sommermonate (Jungenaufzucht) auf Störungen wie Umbauarbeiten verzichtet werden, da sich die Fledermäuse diesbezüglich schreckhaft und nervös verhalten. Selbstverständlich sollte generell auf den Einsatz von giftigen Holzschutzmitteln und Imprägnierungsstoffe verzichtet werden. Weiter sollen neue Quartiersmöglichkeiten geschaffen werden, indem zu geeigneten Dachstühlen in der Umgebung bekannter Kolonien Einflugöffnungen (Mindestgröße 20x30 cm) geschaffen werden. Da im Hinblick auf Einzelquartiere im Sommer vermutlich Baumhöhlen und sich abschälende Rinde eine wichtige Rolle spielen, ist die Erhaltung alter Bäume und insbesondere Hohlbäume dauerhaft sicherzustellen (LFU: 2004; 175 f.). Geräumige Fledermauskästen, die an Bäumen aufgehängt werden, können in diesem Fall Ersatzquartiere zu Baumhöhlen darstellen (LFU: 2008a: 17). Im Hinblick auf die Jagdgebiete der Wimperfledermaus ist im Umfeld von ca. 10 km um bekannte Quartiere der Laubanteil in Gehölzstrukturen zu erhalten und nach Möglichkeit zu erhöhen. Ebenso sollten parkartige Bestände sowie Streuobstbestände erhalten und durch Verjüngung vor Überalterung geschützt werden. Hecken und Baumreihen dienen den Tieren auf den Wegen zu den Jagdrevieren zur Orientierung und sollten darum ebenfalls unbedingt erhalten bzw. in ausgeräumten Kulturlandschaften neu angelegt werden (LFU: 2004; 176).

Im Landkreis Traunstein liegen derzeit 6 Wochenstuben der Wimperfledermaus (Bayernweit 13). Die mit Abstand größte Kolonie der Art in Bayern ist die Kirche am Mühlberg bei Waging, die lediglich einen guten Kilometer Luftlinie vom Areal von *Bergader* entfernt liegt. Hier wurden 2002 ca. 470 adulte Tiere gezählt (LFU: 2004; 168).

7.2.2.2 Dunkler Wiesenknopf-Ameisenbläuling (*Maculinea nausithous*)

Der Dunkle Wiesenknopf-Ameisenbläuling (*Maculinea nausithous*) ist ein Tagfalter aus der Familie der Bläulinge (*Lycaenidae*). Die Art ist auch unter dem Namen Schwarzblauer Moorbläuling bekannt. Sie erreicht eine Flügelspannweite von etwa 3,5 Zentimetern. Die Flügeloberseite der Männchen ist dunkelblau (bestäubt) und hat einen breiten dunklen Rand, die der Weibchen ist einheitlich schwarzbraun gefärbt. Die Flügelunterseiten beider Geschlechter sind grau bis hellbraun gefärbt und durch eine geschwungene Reihe brauner, weiß umrandeter Punkte gekennzeichnet (LUWG: 2010).

Die Verbreitung der Art reicht von Mitteleuropa bis zum Ural und südlich bis zum Kaukasus. Es existieren zusätzlich kleine, isolierte Vorkommen außerhalb dieses Areals im Norden der Iberischen Halbinsel und in Frankreich (Ebert: 1991; 307). Innerhalb Deutschlands liegen die Verbreitungsschwerpunkte in Bayern und Baden Württemberg, wo sie bis in die kolline Stufe auftritt (LfU: 2013a).

Die Primärlebensräume der Art dürften frühe Sukzessionsstadien in dynamischen Auen gewesen sein (Ministerium für Klimaschutz, Umwelt, Landwirtschaft, Natur- und Verbraucherschutz des Landes Nordrhein-Westfahlen: 2012). Die heutigen Hauptlebensräume der Art in Bayern sind Pfeifengraswiesen, Feuchtwiesen, Glatthaferwiesen und feuchte Hochstaudenfluren. Die Art toleriert jedoch auch trockenere, nährstoffreichere Standortbedingungen (LfU: 2013a). Entscheidend für das Auftreten des Bläulings ist in erster Linie das gleichzeitige Vorhandensein des Großen Wiesenknopfes (*Sanguisorba officinalis*) und einer genügenden Anzahl von Nestern der Wirtsameise (Ebert: 1991; 308). Aufgrund der hohen Mobilität finden sich jedoch immer wieder Falter außerhalb geeigneter Larvalhabitate (LfU: 2013a). Der Dunkle Wiesenknopf-Ameisenbläuling gehört in Bayern zu den mittelhäufigen Arten. Die Datenlage bezüglich der Bestandsentwicklung ist jedoch nicht einheitlich. Einerseits liegen einzelne Hinweise auf mögliche Bestandszunahmen vor, andererseits hat die Art durch Verbrachung von extensivem Feuchtgrünland und Nutzungsintensivierungen Habitate verloren. Insgesamt dürfte ein negativer Bestandstrend vorherrschen. In der Roten Liste der IUCN und Bayerns wird die Art als „gefährdet" geführt, in der Roten Liste Deutschlands ist sie auf der Vorwarnliste (LfU: 2013a).

Die Flugzeit des Dunklen Wiesenknopf-Amseisenbläulings liegt in Bayern zwischen Mitte Juli und Mitte August. Im Waginger Kontext ist jedoch zu beachten, dass im südlichen Alpenvorland Populationen existieren, die schon ab Mitte Juni fliegen (LfU: 2013a). Das Leben des Schmetterlings findet dabei hauptsächlich am Großen Wiesenknopf statt: Diese Pflanze ist mit Abstand die am häufigsten aufgesuchte Futterpflanze der Art (über 99% aller beobachteten Blütenbesuche) (Ebert: 1991; 312). Auch die Eiablage erfolgt ausschließlich in die Blütenköpfe der Pflanze, kurz vor deren Entfaltung. Die nach gut 8 Tagen geschlüpften Raupen bohren sich anschließend in die Blütenköpfe, die sie von innen auffressen (LfU: 2013a). Nach zwei bis drei Wochen verlassen die Raupen die Pflanze und lassen sich zu Boden fallen. Geruchsstoffe, die die Raupen aussenden veranlassen nun bestimmte Ameisenarten (Hauptwirt ist die Rote Knotenarmeise, *Myrmica rubra*), sie in ihr Nest zu tragen. Vermutlich sind diese Geruchsstoffe denen der Ameisenbrut ähnlich. Die Raupen ernähren sich nun räuberisch von Ameisenlarven. Dabei strömen die Raupen weiterhin den erwähnten Geruchsstoff sowie ein Zuckersekret aus, das von den Ameisen aufgenommen wird. Bis zu zehn Monate verweilen die Larven im Ameisenbau (in Einzelfällen bis zu 22 Monate) und verpuppen im Juni zu dickeren Raupen, die noch immer die Geruchsstoffe aussenden. Ab Mitte Juni schlüpfen die Falter nahe der Oberfläche. Da sie nun nicht mehr durch die Geruchsstoffe getarnt sind, müssen sie das Nest nun schnellstmöglich verlassen. Die Falter werden im Schnitt im Freiland vermutlich nur zwei bis drei Tage alt, in Gefangenschaft bis zu 3 Wochen (NABU Baden-Württemberg: 2014). In dieser Zeit können die Tiere mehrere Kilometer zurücklegen.

Durch die hochspezialisierte Lebensweise des Falters stellt die Nestdichte der Roten Knotenameise den entscheidenden Faktor sein für Vorkommen und seine Populationsgröße dar. Die Art ist jedoch eine der in Deutschland häufigsten Ameisenarten und bevorzugt ein mäßig feuchtes bis feuchtes Standortmilieu mit schattierender Vegetationsstruktur (LfU: 2013a).

Die wichtigste Schutzmaßnahme für bestehende Populationen ist eine Anpassung des Mahdregimes an den Lebenszyklus des Falters. Dabei sollte nach Möglichkeit nur eine Mahd, nicht vor Mitte September stattfinden, da bei zu früher Mahd die Blüten des Wiesenknopfes als Nahrungsgrundlage und zur Eiablage fehlen bzw. die Eier oder die Raupen mit dem Schnittgut abtransportiert werden. So kann durch eine einzige verfrühte Mahd ein ganzer Bestand vernichtet werden (LFU: 2013a). Regelmäßige Herbstmahd fördert auch die Nestdichte der Wirtsameise die explizit an einen späten Mahdtermin gebunden ist (GRILL et al.: 2008, WYNHOFF et al. 2011 in MINISTERIUM FÜR KLIMASCHUTZ, UMWELT, LANDWIRTSCHAFT, NATUR- UND VERBRAUCHERSCHUTZ DES LANDES NORDRHEIN-WESTFAHLEN: 2012; 5). Der Große Wiesenknopf hingegen reagiert lediglich gegenüber Sukzession empfindlich (MINISTERIUM FÜR KLIMASCHUTZ, UMWELT, LANDWIRTSCHAFT, NATUR- UND VERBRAUCHERSCHUTZ DES LANDES NORDRHEIN-WESTFAHLEN: 2012; 5).

Das MINISTERIUM FÜR KLIMASCHUTZ, UMWELT, LANDWIRTSCHAFT, NATUR- UND VERBRAUCHERSCHUTZ DES LANDES NORDRHEIN-WESTFAHLEN (2012; 3) schlägt zur Etablierung des Dunklen Wiesenknopf-Ameisenbläulings folgende Maßnahmen vor: „Auf einer Fläche wird eine Frisch-Feuchtwiesenmischung inklusive Großem Wiesenknopf ausgesät bzw. mittels Pflanzung vorgezogener Jungpflanzen etabliert. Es erfolgt eine extensive Nutzung als Mähwiese mit Anpassung an die oberirdische Entwicklungszeit der Art. Zur Förderung einer spontanen Besiedlung der Fläche durch die Wirtsameise Myrmica rubra werden wechselnde, alle zwei Jahre gemähte Saumstreifen, eingerichtet." Insofern in der näheren Umgebung der Zielfläche bereits eine Population der Art vorhanden ist, kann mit einer Wirksamkeit der Maßnahme in einem Zeitraum von 5 bis 10 Jahren gerechnet werden.

Der Artnachweis in der Nähe von Waging liegt auf den Wirtschaftsgrünlandflächen zwischen der Ortschaft und dem Waginger See. Die Entfernung zwischen einer bestehenden Population und einer möglichen Zielfläche liegt damit im Idealfall unter einem Kilometer.

8 Empfehlungen zur Aufwertung der Untersuchungsflächen

In diesem Kapitel zähle ich die Maßnahmen auf, die auf den Untersuchungsflächen eine positive Standortentwicklung für die jeweiligen Zielarten bewirken sollen. Die einzelnen Punkte sind jeweils unterteilt in eine kurze Beschreibung der Maßnahme, eine Erläuterung, auf welchen Flächen die jeweilige Maßnahme zur Anwendung kommen soll und eine Begründung, die die Maßnahme in den Kontext der Bedürfnisse der Zielarten setzt. In einzelnen Fällen habe ich zusätzlich Anmerkungen angefügt, die ergänzende Informationen zu den Maßnahmen beinhalten.

8.1 *Rapunzel*, Legau

1. **Maßnahme:** Anbringung eines Nistkastens für Schleiereulen.

    Zielflächen: Geeignete Plätze für die Anbringung eines Nistkastens wäre z. B. unter den Solarpanels an der Halle (Fläche 0) im Südosten des Areals oder der Turm vor dem Haupteingang (Fläche 9).

    Begründung: Wie in 7.1.2.1 erwähnt, ist der Verlust geeigneter Quartiere eine der Hauptursachen für die Gefährdung der Schleiereule.

    Anmerkung: Der Nistkasten sollte in seinen Ausmaßen an die Bedürfnisse der Schleiereule angepasst sein und so angebracht werden, dass Katzen oder Marder ihn nicht erreichen können.

2. **Maßnahme:** Möglichst großflächige Schneeräumung und Ausbringung von Futter für Beutetiere im Winter.

Zielflächen: Sämtliche Flächen, auf denen dies möglich ist.

Begründung: Die Schleiereule kann nur geringe Fettreserven einlagern, weshalb viele Tiere bei Schneelage verhungern. Durch die Maßnahme soll den Eulen auch in strengen Wintern der Nahrungserwerb ermöglicht werden (vgl. 7.1.2.1).

Anmerkung: Die Maßnahme ist freilich erst sinnvoll, wenn sich bereits Schleiereulen angesiedelt haben.

3. **Maßnahme:** Anlage von dornstrauchreichen Hecken und Gebüschen.

Zielflächen: In Frage kommen für diese Maßnahme vor allem Flächen, die derzeit mit Bodendeckern bewachsen sind. Insbesondere sinnvoll scheint die Maßnahme jedoch auf dem Wall im Südosten des Areals (Fläche 24, Abbildung 20), da dieser besonders sonnig ist und der Bereich wenig repräsentative Bedeutung hat.

Begründung: Der Neuntöter bevorzugt als Nisthabitat thermisch begünstigte, dornige Gebüsche (vgl. 7.1.2.2). Derartige Strukturen fördern ebenfalls potentielle Beutetiere der Schleiereule.

Anmerkung: Zahlreiche Arten kommen bei den aus den Zeigerwerten hervorgehenden Standortbedingungen in Frage. Ich empfehle an dieser Stelle eine Mischung aus Weißdorn, Schlehe und ggf. Heckenrose.

Abbildung 14: Potentielle Zielfläche für Maßnahme 3.

4. **Maßnahme:** Pflanzung von Obstbäumen.

    Zielflächen: Sämtliche unversiegelten Freiflächen, aber insbesondere die Grünstreifen am östlichen Rand des Betriebsgeländes (Flächen 25 und 54, Abbildung 21). Zudem könnten Obstbäume die Bodendecker-Strukturen im Westen des Areals auflockern oder ersetzen (z. B. Fläche 23).

    Begründung: Im ABSP wird die Anlage von Streuobstflächen für die Übergangsbereiche der Siedlungen in die freie Landschaft empfohlen (vgl. 7.1.1). Zudem fördern extensiv bewirtschaftete Streuobstwiesen eine Reihe von potentiellen Beutetieren des Neuntöters.

    Anmerkung: Die standortsfremden Gehölze auf dem Areal (Robinien, Thujen, etc.) sollten mittelfristig durch heimische Obstgehölze ersetzt werden.

Abbildung 15: Potentielle Zielfläche für Maßnahme 4: Der Grünstreifen am östlichen Rand des Geländes. Hinter dem Zaun grenzt eine Extensivweide an.

5. **Maßnahme:** Extensivierung des Schnitts der Krautschicht. In mit Obstbäumen bestandenen Bereichen kann der Schnitt auf den Baumscheiben gesammelt und kompostiert werden.

    Zielflächen: Sämtliche Rasenflächen, auf denen es mit der Nutzung vereinbar ist, sollten nur noch 1 bis 2 Mal pro Jahr gemäht werden. Besonders wichtig ist die Maßnahme jedoch in den Bereichen, in denen Obstbäume gepflanzt werden.

    Begründung: Durch die Reduzierung der Schnitte können sich auch später aussähende Arten etablieren, wodurch die floristische Artenvielfalt und in deren Folge auch die faunistische Artenvielfalt gefördert werden. Ziel ist vor allem die Entwicklung artenreicher Streuobstflächen am Rand des Areals. Dies fördert potentielle Beutetiere des Neuntöters und auch der Schleiereule (VBOGL: 2014).

8.2 *Bergader*, Waging

1. **Maßnahme:** Extensivierung der Mahd der Rasenflächen. Nur ein Schnitt, nicht vor Mitte September. Randliche Saumstreifen sollten nur alle zwei Jahre gemäht werden.
   Zielflächen: Sämtliche Rasenflächen, aber insbesondere die größeren Flächen an der Weixlerstraße (Flächen Nr. 61 und 64).
   Begründung: Durch die einmalige Mahd wird der Artenreichtum der Flora gefördert, da auch später aussähende Arten zur Blüte kommen. Dies fördert in der Folge den Reichtum an blütenaufsuchenden Insekten, da ein breiteres Nahrungsangebot besteht. Ein größerer Insektenreichtum kommt neben der primären Zielart, der Wimperfledermaus, auch anderen Fledermausarten sowie zahlreichen heimischen Vogelarten zugute. Dass der Schnitt nicht vor Mitte September stattfindet soll gewährleisten, dass die Habitatansprüche der sekundären Zielart, des Dunklen Wiesenknopf-Ameisenbläulings, erfüllt werden (vgl. 7.2.2.2). Die Belassung eines zweijährlich gemähten Saumstreifens soll die Besiedlung durch Wirtsameisen des Dunklen Wiesenknopf-Ameisenbläulings fördern (vgl. 7.2.2.2).

2. **Maßnahme:** Aussaat des Dunklen Wiesenknopfes auf Rasenflächen.
   Zielflächen: Die beiden größeren Rasenflächen an der Weixlerstraße (Flächen Nr. 61 und 64).
   Begründung: Das Auftreten des Großen Wiesenknopfes ist neben dem Auftreten der Wirtsameise eine Grundvoraussetzung für die Annahme einer Fläche durch die sekundäre Zielart, dem Dunklen-Wiesenknopf-Ameisenbläuling (vgl. 7.2.2.2).
   Anmerkung: Die aus den Zeigerwerten der auftretenden Arten ermittelten Standortbedingungen auf den Zielflächen sollten mit dem ökologische Verhalten des Großen Wiesenknopfes, das aus seinen Zeigerwerten hervorgeht, gut zusammenpassen. Auch die Habitatpräferenzen der Wirtsameise passen zu den Bedingungen auf den Zielflächen. Sollte sie dort noch nicht vorhanden sein, ist eine Besiedlung nach den im vorigen Punkt genannten Maßnahmen gut möglich.

3. **Maßnahme:** Umwandlung von Bodendecker-dominierten Zierpflanzungen in naturnahe, extensive Laubhecken mit heimischen Gehölzen.
   Zielflächen: Zierpflanzungen, die derzeit mit Bodendeckern bepflanzt sind (Insbesondere die Flächen 9, 39, 56 und 58). Gegebenenfalls können auch andere Zierpflanzungen (z. B. 84, 85 und 86) in extensive Laubhecken umgewandelt werden.
   Begründung: Die Wimperfledermaus jagt vor allem in Gehölzbeständen mit hohem Laubanteil. Der Laubgehölz-Anteil soll darum in der Umgebung bestehender Quartiere erhöht werden (vgl. 7.2.2.1). Darüber hinaus sind Hecken wichtige Futter und Nisthabitate für Zahlreiche heimische Vögel, Kleinsäuger und Insekten. Zudem haben höhere Hecken im Vergleich zu den Bodendecker-Strukturen den Vorteil, dass Betriebsgeräusche (z. B. im Bereich der Ladefläche) besser abgeschirmt werden.
   Anmerkung: In Frage kommende Arten sind wiederaustreibende Laubgehölze die an mittelfeuchte Böden angepasst sind, wie Haselnuss, Ahorne oder Esche. Um die Bildung einer Baumschicht und die damit verbundene Ausdünnung der Strauchschicht zu vermeiden, sollten die Hecken im Abstand von 5 bis 10 Jahren auf Stock gesetzt werden.

4. **Maßnahme:** Extensivierung des Schnitts bestehender Gehölze und Hecken.

   Zielflächen: Bestehende Gehölze

   Begründung: Sofern Gehölze und Hecken öfter als einmal pro Jahr geschnitten werden, sollte die Schnittanzahl reduziert werden. Dies fördert eine naturnahe Entwicklung der Hecken, einhergehend mit den im vorherigen Punkt erwähnten Vorzügen.

5. **Maßnahme:** Bei Baumneupflanzungen sind heimische Obstsorten zu bevorzugen

   Zielflächen: -

   Begründung: Die Wimperfledermaus scheint innerhalb von Siedlungen bevorzugt Obstbestände zur Jagd aufzusuchen (vgl. 7.2.2.1).

6. **Maßnahme:** Anbringung von Baumhöhlen nachempfundenen Fledermauskästen an Bäumen in 3-5 Metern Höhe.

   Zielflächen: Bäume auf dem Areal. Insbesondere die Bäume auf Fläche Nr. 64 kommen aufgrund der Lage am Rand des Betriebsgeländes in Frage.

   Begründung: Einzeltiere der Wimperfledermaus nutzen als Zwischenquartiere vermutlich Baumhöhlen (vgl. 7.2.2.1). Aber auch anderen Baumhöhlen nutzenden Fledermausarten können durch diese Maßnahme Quartiere geschaffen werden.

7. **Maßnahme:** Lagerhallen und Dachstühle, in denen Fledermäuse toleriert werden können, sollten (ggf. taubensichere) Einflugöffnungen für Fledermäuse erhalten.

   Zielflächen: Sämtliche Gebäude und Gebäudebereiche, in denen Fledermäuse nicht in Konflikt mit der Nutzung (z. B. Hygiene) stehen. In Frage käme etwa das Dach des Verwaltungsgebäudes, sofern es nicht ausgebaut ist.

   Begründung: Die Öffnung geeigneter Räumlichkeiten für Wimperfledermäuse in der Umgebung bestehender Quartiere ist eine der empfohlenen Fördermaßnahmen für die Art (vgl. 8.2.2.1). Ob die Tiere das Angebot annehmen, hängt jedoch von der individuellen Beschaffenheit der Räumlichkeit dar und ist nicht vorhersehbar.

   Anmerkung: In Frage kommende Räumlichkeiten sollten die in 7.2.2.1 erwähnten Kriterien erfüllen: Die Höhe sollte mindestens 5 Meter betragen, sie sollten verhältnismäßig hell und relativ konstant warm temperiert sein sowie Einflugöffnungen mit einer Mindestgröße 20x30 cm aufweisen.

9 Diskussion

Die Ergebnisse dieser Arbeit sind einerseits methodischer und andererseits planerischer Art. Das methodische Ergebnis ist ein - in dieser Form universell auf ganz Bayern anwendbares - Konzept zur Entwicklung von lokal angepassten Aufwertungsmaßnahmen für Unternehmensareale. Es wurde auf der Basis von verschiedenen bestehenden Ansätzen entwickelt und seine Anwendbarkeit wurde an zwei Beispielen erprobt. Das planerische Ergebnis sind fünf Maßnahmenvorschläge zur naturschutzfachlichen Aufwertung für das Areal von *Rapunzel* in Legau und 7 Maßnahmenvorschläge für das Areal von *Bergader* in Waging. „Naturschutzfachliche Aufwertung" bedeutet in diesem Fall das Bereitstellen von Lebensräumen für naturschutzfachlich relevante Arten. Diese Maßnahmen sind durchweg mit einem überschaubaren Aufwand durchführbar und inhaltlich durch die Bedürfnisse der jeweiligen Zielarten begründet. Es kann somit festgehalten werden, dass das Konzept grundsätzlich praktisch anwendbar ist und zu sinnvollen Planungsergebnissen führt. Um Bilanz zu ziehen, ist es zunächst sinnvoll, sich das aus Kapitel 2 hervorgegangene Leitbild erneut vor Augen zu führen:

Die Unternehmensareale werden heimischen seltenen oder gefährdeten Arten ein Habitat bieten, die vorhandenen Lebensräume solcher Arten in der Umgebung ergänzen oder in Form von Trittsteinbiotopen vernetzen. Die Areale werden der jeweiligen Zielart wichtige Funktionen bereitstellen, wie Nist- oder Jagdgelegenheiten. Es wird sich dabei um Arten handeln, die den, durch die betriebliche Nutzung unvermeidbaren, Störungen auf dem jeweiligen Unternehmensareal gegenüber tolerant sind. Der Zielzustand ist standortgerecht und darum mit möglichst einfachen Mitteln zu verwirklichen und zu erhalten.

Grundsätzlich gehen die Maßnahmenvorschläge mit dem Leitbild konform. Für beide Untersuchungsflächen ist es mir gelungen, Zielarten zu benennen, die in der jeweiligen Planungsregion mehr oder weniger selten oder gefährdet sind. Die Maßnahmenvorschläge sind sowohl auf die Bedürfnisse dieser Arten als auch auf die jeweiligen Standortbedingungen zugeschnitten und mit relativ einfachen Mitteln umsetzbar. Das ABSP auf Kreisebene hat sich zudem als brauchbare Quelle für die Auswahl der Zielarten erwiesen. Im Lauf der Arbeit haben sich jedoch auch einige Schwächen und Probleme meiner Vorgehensweise gezeigt. In den folgenden Absätzen möchte ich diese aufzählen, erläutern und Verbesserungsvorschläge anführen. Im letzten Punkt diskutiere ich zudem von mir angewandten Methoden:

1. **Die im ABSP genannten Schwerpunktarten sind zur Ansiedlung auf Unternehmensarealen nur eingeschränkt geeignet.**

Ein Problem, das im Nachhinein betrachtet recht offensichtlich scheint, ist, dass die im ABSP genannten Schwerpunktarten einerseits als Zielarten für die naturschutzfachliche Aufwertung von Unternehmensarealen nur bedingt geeignet sind und sich andererseits unter den auf Unternehmensarealen vorkommenden Arten meist keine Schwerpunktarten finden. Die Schwerpunktarten sind per Definition gefährdete Arten, für die der jeweilige Landkreis eine besondere Verantwortung trägt. Zumeist handelt es sich dabei um eher stark gefährdete Arten mit meist komplexen Lebensraumansprüchen. Die Gefährdung resultiert dabei häufig gerade aus der Komplexität der Lebensraumansprüche, da ihre Optmialhabitate in der heute bestehenden Landschaftszusammensetzung selten geworden sind. Beispiele für solche Lebensräume sind etwa großflächige Extensivwiesen (z. B. für Wiesenbrüter), die Verlandungszonen von Stillgewässern (für diverse Vogelarten), naturnahe Fließgewässer (z. B. für Libellen), Moore (für zahlreiche Arten) oder alte Gebäude (z. B. für diverse Fledermausarten). Schwerpunktarten wurden im Naturschutz häufig als solche benannt, weil sie Charakterarten für bestimmte, inzwischen selten gewordene Lebensräume, etwa der traditionellen (vor-industriellen) Kulturlandschaft, sind. Dagegen zählen Betriebsgelände zu den Siedlungs- und Verkehrsflächen, die, wie in 2.4 erwähnt, mit einem Anteil von 11,5% der bayerischen Landesfläche eher häufigere Landschaftsstrukturen sind. Folglich sind Arten, deren Lebensraumansprüche auf diesen Flächen erfüllt werden, keinem starken Lebensraumverlust ausgesetzt und werden daher nicht als Schwerpunktarten angeführt.

Natürlich war es das Ziel dieser Arbeit, Unternehmensflächen in einer solchen Form zu gestalten, dass Schwerpunktarten davon profitieren können. Jedoch hat sich während der Auswahl der Zielarten herausgestellt, dass dies vielfach nicht mit einem realistischen Aufwand möglich ist, da die Struktur von Betriebsgeländen schlichtweg nicht mit den Ansprüchen vieler

Schwerpunktarten an ihren Lebensraum vereinbar ist. Insbesondere die geringe Anzahl und Größe unversiegelter Flächen auf Unternehmensarealen (zumindest auf den beiden von mir untersuchten Beispielflächen) stellt dabei eine Hürde für die entsprechende Gestaltung dar.

Zur Veranschaulichung dieses Problems kann der Vergleich zwischen den Erfolgsaussichten von artbezogenen Maßnahmen und der Komplexität der Lebensraumansprüche einer Art herangezogen werden: Meine Einschätzung der Wirksamkeit der Maßnahmenvorschläge ist, dass die Wahrscheinlichkeit der Annahme der Zielflächen durch die Zielarten nach der Durchführung der Maßnahmen im Beispiel von *Rapunzel* deutlich höher liegt als im Fall von *Bergader*. Dies scheint auf den ersten Blick paradox, da das Gebiet um Waging erheblich mehr naturschutzfachlich wertvolle Strukturen umfasst als die weitgehend ausgeräumte Kulturlandschaft um Legau, in der nicht einmal Artnachweise für die Zielarten bestehen. Dass Maßnahmen auf dem Areal von *Rapunzel* meines Erachtens nach trotzdem erfolgversprechender sind, liegt in erster Linie daran, dass die Zielarten für dieses Gelände deutlich leichter erfüllbare Lebensraumansprüche haben, mobiler und weiter verbreitet sind: Die Schleiereule ist zwar Schwerpunktart im Landkreis Unterallgäu, jedoch auf höheren administrativen Ebenen nicht gefährdet. Durch die spezielle Lage des Areals von *Rapunzel*, angrenzend an eine große, eher extensiv bewirtschaftete Weide, sind hier vorteilhafte Grundvoraussetzungen geboten, die in Kombination mit vergleichsweise geringfügigen Maßnahmen (Nistkasten, Jagdunterstützung bei Schneelage) ein gutes Potential für die Ansiedlung der Schleiereule bieten. Zusätzlich ist die hohe Reproduktivität und Mobilität der Art ein Faktor, der eine schnelle Annahme der Maßnahmen fördern dürfte. Demgegenüber tritt die Wimperfledermaus, die primäre Zielart für das Areal von *Bergader*, zwar in der Umgebung des Betriebsgeländes auf und gilt als Schwerpunktart für Siedlungsgebiete im Landkreis Traunstein, jedoch hat sie sehr spezielle Lebensraumansprüche. So müssen Wochenstuben oder Jagdhabitate bestimmte Kriterien erfüllen (vgl. 8.2.2.1), die auf dem Betriebsgelände nur bedingt erfüllbar sind. Dies liegt vor allem am geringen Anteil unversiegelter Flächen. Zudem ist es denkbar, dass Straßen und der geschlossene Siedlungskörper zwischen der bestehenden Wochenstube und dem Betriebsgelände eine starke Barrierewirkung auf die Tiere haben und sie das Areal somit nicht erreichen. Gleiches gilt für die sekundäre Zielart für das Areal von *Bergader*, den Dunklen Wiesenknopf-Ameisenbläuling. In diesem Fall ist es nicht sicher, ob die Habitatansprüche der Art auf dem Gelände erfüllbar sind, da das Auftreten der Wirtsameise nicht nachgewiesen ist. Anders verhält es sich dagegen beim Neuntöter, der sekundären Zielart für das Areal von *Rapunzel*: Zwar hat die Art ebenfalls eine Lebensweise, die im hohen Ausmaß von bestimmten Habitatstrukturen abhängig ist, jedoch sind die Ansprüche nicht allzu komplex und darum deutlich leichter durch Maßnahmen zu erfüllen. Da es sich um einen naturgemäß sehr mobilen Zugvogel handelt, ist die Wahrscheinlichkeit, dass Individuen die Zielfläche erreichen relativ hoch, insbesondere da im Landkreis Unterallgäu bereits gut 100 Paare brüten. Im Falle des Neuntöters hat mir das Abweichen vom Auswahlschema und der, mit dem Auswahlschema verbundenen, Bindung an eine vorgegebene Grundmenge infrage kommender Arten (Schwerpunktarten des ABSP) die Auswahl einer geeigneten sekundären Zielart wesentlich erleichtert (vgl. 7.1.2.2).

Diese Diskussion der Erfolgsaussichten der Maßnahmen zeigt, dass die tatsächliche Nutzung einer Zielfläche durch die jeweilige Zielart von verschiedensten Faktoren abhängig ist. Diese Faktoren scheinen jedoch für Arten, deren Habitatansprüche sehr komplex sind, schwerer zu wiegen. Da dies auf die Schwerpunktarten des ABSP häufig zutrifft, muss die Auswahl der Zielart, sofern das Ziel der Aufwertung eine tatsächliche Nutzung der Zielfläche durch die Zielart ist, gegebenenfalls aus einer weiter gefassten Grundmenge erfolgen.

Somit können folgende Aspekte als Fazit aus diesem Diskussionspunkt gezogen werden:

1. Durch die oft komplexen Lebensraumansprüche der Schwerpunktarten kann keinesfalls garantiert werden, dass ausgewählte Zielarten eine Zielfläche als Habitat annehmen.

2. Wenn die tatsächliche Ansiedlung bestimmter Arten erwünscht ist, sollten gerade bei stark versiegelten Arealen die Zielarten aus einer Gruppe mit nicht allzu komplexen oder speziellen Habitatansprüchen ausgewählt werden. Geschützte oder gefährdete Arten sind in diesem Fall als Zielarten oft ungeeignet, da ihre Ansiedlung als unrealistisch einzuschätzen ist.

3. Ich gehe davon aus, dass das verwendete Auswahlschema unter Einbeziehung der Schwerpunktarten vor allem ein gutes Potential für großflächige Areale mit geringerer Versiegelung hat. Beispielsweise Golfplätze, Solarparks, Grünbereiche von Verkehrsflächen, Parks oder auch großflächige Dachbegrünungen wären als Anwendungsgebiete denkbar.

2. Der tatsächliche Erfolg der Maßnahmen im Hinblick auf die Nutzung der Zielflächen durch die Zielarten ist in Einzelfällen fragwürdig.

Wie im vorherigen Punkt bereits angeschnitten, ist der Erfolg der Maßnahmen im Hinblick auf eine tatsächliche Ansiedlung der Zielarten nicht garantierbar und in manchen Fällen sogar fragwürdig. Dies gründet einerseits im bereits erwähnten Aspekt, dass durch die bloße Umsetzung von zielartbezogenen Aufwertungsmaßnahmen komplexe Habitatansprüche nicht unbedingt erfüllt werden können: Wie das Beispiel des Dunklen Wiesenknopf-Ameisenbläulings zeigt, sind oft zusätzliche, schwer vorhersagbare Aspekte, wie das Auftreten bzw. die Ansiedlung der Wirtsameise entscheidend für den Erfolg einer Maßnahme. Diese sind jedoch auch bei optimalen Veränderungen auf dem Betriebsgelände nicht zu garantieren. Zufall und Entwicklungen in der Umgebung tragen entscheidend zu einem positiven oder negativen Resultat bei. Der Aspekt „Zufall" lässt sich ebenfalls anschaulich am Beispiel des Dunklen Wiesenknopf-Ameisenbläulings erläutern: Es kann sein, dass die Umsetzung der Maßnahmenvorschläge ein Idealhabitat für den Tagfalter mit Wiesenknopf und Wirtsameisen schafft. Wenn der Zufall (z. B. in Form von Windrichtung) jedoch nicht dazu führt, dass einige Individuen die Fläche erreichen, kann sie durch die Art nicht genutzt, geschweige denn besiedelt werden. Ebenso kann es natürlich sein, dass ein Schleiereulen-Brutkasten auf dem Areal von *Rapunzel* nie von einer Schleiereule entdeckt wird. Darüber hinaus sind verschiedenste Entwicklungen in der Umgebung einer Zielfläche entscheidend für den Erfolg einer Maßnahme: Der Bau einer neue Umgehungsstraße oder einer neuen Autobahnunterführung, die Umstellung der Bewirtschaftung einer Fläche, ein besonders strenger oder besonders milder Winter sind Beispiele für Faktoren, die eine Maßnahme wirkungslos oder gerade erst wirksam machen können.

Möchte man also tatsächlich eine ganz bestimmte Art auf einem Betriebsareal ansiedeln, müssen deren Ansprüche viel detaillierter recherchiert und mit den Gegebenheiten vor Ort abgeglichen werden, als ich es im Rahmen dieser Arbeit getan habe. Folgende Fragen zu Migration und Etablierung müssten in diesem Fall geklärt werden:

- Über welche Wanderrouten kann die Zielart die Zielfläche erreichen?
- Können diese Wanderrouten eventuell verbessert werden?
- Können alle notwendigen Habitatansprüche der Zielart auf der Zielfläche erfüllt werden?
- Sind die Bedingungen auf der Zielfläche (und in deren Umgebung) ausreichend, um die Entwicklung einer stabilen Population der Zielart zu ermöglichen?
- Wie können zusätzliche Anreize für die Art geschaffen werden, die Zielfläche anzunehmen?

Dies dürfte jedoch ein sehr hypothetisches Gedankenspiel bleiben. Denn im Normalfall dürfte ein Unternehmen kein explizites Interesse an der Ansiedlung einer *bestimmten* Art haben. Vielmehr ist zu erwarten, dass in den meisten Fällen eine repräsentative Optik und vorzeigbares Umweltengagement im Zentrum des Interesses stehen; die Ansiedlung geschützter oder gefährdeter Arten kann im Gegenteil unter Umständen sogar die Standortentwicklung des Unternehmens einschränken (vgl. Diskussionspunkt 5).

Grundsätzlich möchte ich jedoch anmerken, dass auf Zielarten bezogene Maßnahmenvorschläge auch dann sinnvoll sein können, wenn die Zielflächen nicht durch die Zielarten angenommen werden sollten. Die Vorschläge zielen schließlich darauf ab, Strukturen zu schaffen, die in der Region typisch und häufig selten geworden sind, da sie ja aus den Habitatansprüchen regional auftretender Arten abgeleitet wurden. Dadurch profitieren einerseits zahlreiche andere heimische Tierarten und andererseits wird eine Gestaltung gefördert, die sich in jedem Fall gut in die landschaftliche Umgebung eingliedert. Letzten Endes ist es also nicht allzu relevant, ob die Zielarten tatsächlich auf den Zielflächen ein neues Habitat finden, da eine standortsgemäße und zielorientierte naturschutzfachliche Aufwertung in jedem Fall Vorzüge hat. Dieser Aspekt würde wiederum für die die Auswahl der Zielarten aus den Schwerpunktarten des ABSP sprechen (vgl. Diskussionspunkt 1). Da diese häufig komplexe und sehr spezielle Lebensraumansprüche haben, ist hier die Wahrscheinlichkeit höher, dass sich ein größerer „Mitnahmeeffekt" für andere Arten einstellt.

An dieser Stelle ist notwendig, die Metapopulationstheorie anzuschneiden. Eine Metapopulation, im weitesten Sinne, ist eine Gruppe von räumlich getrennten Populationen, zwischen denen ein Genfluss besteht (Trepl: 2007; 114). Die Habitate dieser Populationen sind inselartig in eine Matrix aus Lebensräumen eingebettet, die für den dauerhaften Aufenthalt ungeeignet sind, jedoch durchwandert werden können. Besteht nun in einem der Habitate einer Art eine höhere Individuendichte, als in einem anderen Habitat, das für die Individuen erreichbar ist, wird sich, bei sonst gleichen Bedingungen, die Individuendichte der beiden Habitate durch Zu- bzw. Abwanderung angleichen. Wird eine Einzelpopulation nur durch die Zuwanderung von Individuen aus anderen Populationen vor dem Aussterben bewahrt, bezeichnet man dies als „Rettungseffekt". Die Extremfälle dieses Effektes sind sogenannte „Quelle-Senke-Situationen". Dabei werden einzelne „Senken-Populationen" nur durch Zuwanderung aus den „Quellen-Populationen" aufrechterhalten (Trepl: 2007; 115), da eine populationserhaltende Reproduktion im „Senken-Habitat" nicht möglich ist. Gestaltet man nun ein Unternehmensareal entsprechend der Lebensraumansprüche einer geschützten oder gefährdeten Art, können Individuen aus anderen Populationen dieses neue Habitat erschließen. Sind die Bedingungen auf dem neugestalteten Unternehmensareal zum Überleben der Art ausreichend, jedoch nicht zur Reproduktion geeignet, ist dieses Habitat eine Senke für bestehende Populationen. Es muss folglich im Einzelfall sichergestellt sein, dass eine Reproduktion auf dem Areal möglich ist oder die als Quellen in Frage kommenden Populationen stabil genug sind, um durch evtl. ersatzlose Abwanderung nicht geschwächt oder gefährdet zu werden. Nur, wenn diese Umstände gegeben sind, kann gewährleistet werden, dass die Gestaltung neuer Habitate für eine Art, dieser letzten Endes nicht schadet.

Als Bilanz dieses Diskussionspunktes lassen sich folgende Aussagen treffen:

1. Das verwendete Auswahlschema für Zielarten eignet sich vor allem, um Arten auszuwählen, anhand deren Ansprüche eine standortsgerechte Gestaltung geplant werden kann.

2. Steht nicht die tatsächliche Ansiedlung bestimmter Arten, sondern eine naturschutzfachliche Aufwertung des Areals im Vordergrund der Planung, so können durchaus Zielarten mit komplexen Lebensraumansprüchen gewählt werden. Denn naturgemäß ist der „Mitnahmeeffekt", also die Anzahl der anderen Arten, die von Maßnahmen für eine Zielart profitieren, höher, je komplexer die Lebensraumansprüche der Zielart sind.

3. Auch ohne die tatsächliche Annahme einer Fläche durch eine Zielart können aus den Habitatansprüchen der Zielart Maßnahmen abgeleitet werden, die in jedem Fall eine standortsgemäße naturschutzfachliche Aufwertung darstellen.

4. Ist das Ziel nicht nur eine standortsgemäße, naturschutzfachliche Aufwertung, sondern explizit die Ansiedlung einer bestimmten Art, müssen die Habitatansprüche dieser Art so detailliert wie möglich mit den lokalen Gegebenheiten abgeglichen werden. Zielartbezogene Maßnahmen müssten dann wahrscheinlich in vielen Fällen auch auf Flächen in der Umgebung des Betriebsgeländes umgesetzt werden.

5. Um die Gesamtpopulation der Zielart nicht zu gefährden, muss gewährleistet werden, dass die zur Besiedelung der Zielfläche infrage kommenden „Quellpopulationen" stabil genug sind, um ggf. durch eine „Senke" geschwächt zu werden.

3. Eine Reduktion auf administrative Grenzen hat bei Naturschutzbelangen naturgemäß Nachteile.

Es versteht sich von selbst, dass bei meiner Vorgehensweise durch den Bezug auf die Landkreisebene unter Umständen Potentiale unter den Tisch fallen. Es ist gut möglich, dass in den jeweils benachbarten Landkreisen oder (im Fall von *Rapunzel*) Bundesländern seltene oder gefährdete Arten auftreten, die die Zielflächen zwar erreichen könnten, jedoch nicht in den ABSP der Landkreise, in denen die Zielflächen liegen, gelistet sind. Reduziert man die Recherche nach potentiellen Zielarten jedoch nicht auf einen Landkreis, ist die Frage zu klären, wo die Grenze für relevante Artnachweise gezogen werden soll. Insbesondere im Hinblick auf die artspezifische Mobilität besteht hier ein Problem für eine standardisierte Planung mit Bezug auf größere räumliche Einheiten als Landkreise: Natürlich gibt es Arten, die ohne weiteres mehrere hundert Kilometer wandern und damit auch relativ weit entfernte Zielflächen erreichen könnten. Abgesehen vom immensen Arbeits- und Rechercheaufwand, den eine Auswahl aus den vielen in Frage kommenden, hinreichend mobilen, Arten mit sich bringen würde, steht jedoch die Umsetzung von auf diese Arten bezogenen Maßnahmen im Gegensatz zum Regionalbezug im ersten Satz des Leitbildes: *Die Unternehmensareale werden [..] die vorhandenen Lebensräume [seltener oder gefährdeter] Arten in der Umgebung ergänzen oder in Form von Trittsteinbiotopen vernetzen.* Der Regionalbezug ist aus zwei Gründen ein entscheidender Bestandteil meiner Vorgehensweise: Einerseits steigt naturgemäß die Wahrscheinlichkeit einer tatsächlichen Annahme der Zielfläche durch die Zielart mit der räumlichen Nähe. Andererseits werden, wie bereits in den vorherigen Diskussionspunkten erwähnt, durch die Auswahl lokal auftretender Arten als Zielarten regionaltypische (Vegetations-)Strukturen gefördert, von denen in der Folge auch andere lokal auftretende Arten profitieren. Zudem ist bei Zielarten, die nicht in der Umgebung der Zielfläche auftreten, die Wahrscheinlichkeit größer, dass die artbezogenen Aufwertungsmaßnahmen nicht standortgemäß sind, was ebenfalls einen Widerspruch zum Leitbild darstellen würde.

Grundsätzlich sind die ABSP auf Kreisebene sehr ausführlich aufbereitet und umfassen im Kapitel zu den naturräumlichen Untereinheiten bereits landkreisübergreifende Aspekte. Darum können folgende Schlussfolgerungen aus diesem Diskussionspunkt gezogen werden:

1. Die Reduktion des Planungsbezugs auf das jeweilige ABSP auf Landkreisebene ist gerechtfertigt und ausreichend, da so der Regionalbezug der Maßnahmenplanung garantiert wird.

2. Liegt die naturräumliche Untereinheit, zu der die Zielfläche gehört, in mehreren Landkreisen, kann die Recherche nach potentiellen Zielarten im Bedarfsfall auf die gesamte naturräumliche Untereinheit ausgedehnt werden.

4. Die Auswahl von Zielarten und repräsentativen Arten im Allgemeinen hat immer auch eine willkürliche Komponente und ist naturwissenschaftlich nicht, und naturethisch nur schwer begründbar.

Am deutlichsten wird die willkürliche Komponente der Zielartenauswahl beim zweiten Kriterium in meinem Auswahlschema: *„Ist es eine attraktive Art?".* Natürlich beruht Attraktivität, Unattraktivität oder gar Abneigung zu einem gewissen Anteil auf evolutionsbedingter menschlicher Biologie: So mag beispielsweise eine Abneigung gegenüber Schlangen im Laufe der menschlichen Evolution von Vorteil gewesen sein. Auch das in diesem Zusammenhang häufig genannte „Kindchenschema", das sowohl beim Menschen als auch bei diversen anderen höher entwickelten Arten ausgeprägt ist, hatte den evolutionsbiologischen Vorteil, dass dem/der MerkmalsträgerIn Schutz und Pflege zukommen. Darum werden von Menschen neben Säuglingen auch andere Tierjunge als „attraktiv" bzw. „niedlich" wahrgenommen (SPEKTRUM: 1999). Über solche biologischen Aspekte hinaus ist Attraktivität an sich jedoch wohl einer der subjektivsten Eindrücke, den man als Mensch empfinden kann und beruht wohl häufig auf kultureller Sozialisation. Diese Subjektivität und Kulturabhängigkeit ist per se kein Problem, kann aber im Sinne einer Naturschutzplanung mit „objektivem" Anspruch zu einem ethischen Problem werden: Ist es „gerecht", eine Art, die auf den/die PlanerIn attraktiv wirkt zu fördern, während den subjektiv weniger attraktiven Arten eventuell keine Fördermaßnahmen zukommen, ohne die diese im Extremfall aussterben könnten?

Die Erkenntnis, dass man nicht alles, was schützenswert erscheint, schützen kann und die daraus resultierende Frage, *was konkret* geschützt werden soll, ist ein Grunddilemma des Naturschutzes. Auf die Spitze getrieben ist die Folge dieser zunächst relativ harmlos anmutenden Frage nichts anderes als die Aberkennung des Lebensrechtes derjenigen Arten, die nicht geschützt werden sollen. SCHALLER (1997: 4) wirft diesbezüglich die Frage auf, ob jeder Art das Recht zu (über)leben zugesprochen werden sollte. Man dürfe an dieser Stelle nicht außer Acht lassen, dass auch der Mensch eine Art sei, wenn auch die einzige auf der Erde, die diese Frage überhaupt stellen könne (SCHALLER: 1997; 1). Aus rein (evolutions)biologischer Sicht sei die Antwort einfach: Als Teil des irdischen Artenspektrums unterliege der Mensch, wie jede andere Art auch, der artgemäßen Notwendigkeit, zu überleben und sich zu reproduzieren. Im Gegensatz zum restlichen Artenspektrum (mit wenigen Ausnahmen, wie z. B. Ameisen, die Blattläuse „domestiziert" haben) sei der Mensch jedoch diesbezüglich auch in der Lage, für ihn nützliche Arten zu fördern und schädliche Arten repressiv zu behandeln. Da der weitaus größte Teil des Artenspektrums, zumindest auf den Menschen als Art und nicht als Individuum bezogen, in keine der beiden Kategorien falle, sei zu klären, wie der Mensch sich im Hinblick auf diese Arten zu verhalten hat (SCHALLER: 1997; 4). Der Mensch hat bereits einen Großteil der von ihm bewohnbaren Erdoberfläche als Lebensraum erschlossen und seine Lebensweise hat auch auf die übrige Erdoberfläche einen mehr oder weniger starken Einfluss. Der Platz; der Lebensraum, der dem Teil des Artenspektrums bleibt, der dem Menschen weder nützlich noch schädlich ist, ist folglich beschränkt. Eine neutrale Koexistenz dürfte nur in einem Bruchteil der Fälle möglich sein.

Auch das „naturwissenschaftliche" Argument der „Erhaltung der Ökosystemstabilität", mit dem ein möglichst umfassender Artenschutz gerechtfertigt werden könnte, steht auf wackligen Beinen: Der Diversitäts-Stabilitäts-Hypothese zufolge besteht innerhalb eines Ökosystems durch die Artenzusammensetzung ein Gleichgewicht, das bei Entnahme oder Hinzugabe einer bestimmten Anzahl von Arten zu kippen droht. Da jedoch nicht bekannt ist, ob alle ökologischen Nischen besetzt sind oder waren, kann auch nicht beantwortet werden, wie viele Modifikationen nötig sind, um die „Ökosystemstabilität" zu gefährden, ja ob diese im kontinentalen Maßstab überhaupt zu gefährden ist. Im Gegenteil gibt es (unter Ausschluss von Inselökosystemen) unzählige Beispiele für das längerfristige Hinzufügen oder Entnehmen von Arten zu/aus Ökosystemen, ohne dass diese instabil wurden (SCHALLER: 1997; 5).

Man kann folglich annehmen, dass es keinen wirklichen extrinsischen– also auf das Überleben der Menschheit bezogenen – Grund gibt, *warum* der Mensch Arten schützen sollte, die ihm nicht nützlich sind. Die Frage, welche Art nun (über)leben soll, ist ein rein menschliches Dilemma: Der Mensch muss entscheiden, wie sein Lebensraum beschaffen sein soll: Soll er ein ihm allein dienlicher Wohn- und Versorgungsraum sein? Oder soll er ein lebensformenreiches, über den menschlichen Nutzen hinaus beschaffenes Quartier sein, dass er sich mit anderen Lebensformen teilt (auch solchen, die er nicht direkt braucht oder nutzt) und sich im Bedarfsfall einschränkt, wenn es um deren Lebensansprüche geht? (SCHALLER: 1997; 5)? Wenn es jedoch nicht nur um Nutzen und Schaden geht, sondern um die Frage, was eine irdische Existenz für den Menschen als Individuum oder als Art darüber hinaus bereichert, gelangt man wieder zur Ausgangsfrage: Welche (Lebens)formen sollen prioritär geschützt werden?

Ein weiterer Aspekt, den ich hier erwähnen möchte, ist die Tendenz, sich bei der Zielartenauswahl bereits im Vorfeld auf bestimmte Arten einzuschießen. Folglich neigt man bei der Recherche dazu, bestimmte Gesichtspunkte entsprechend einer bereits vorab getroffenen Auswahl auszulegen. Im Rahmen dieser Arbeit kann ich als Beispiel die Wimperfledermaus, die primäre Zielart für das Areal von *Bergader*, anführen. Als ich begann, die Zielarten für das Areal auszuwählen, hatte ich mich eigentlich bereits auf die Art als primäre Zielart festgelegt: Diese stark gefährdete Art, die im Landkreis Traunstein eines der naturschutzfachlichen „Highlights" darstellt, in der direkten Umgebung von Waging den deutschlandweit quantitativ bedeutendsten Artnachweis aufweist und noch dazu Schwerpunktart für den Siedlungsraum im ABSP ist, schien mir schon vor der Anwendung des Auswahlschemas und vor der genauen Recherche zu ihren Ansprüchen und Eigenschaften, eine ideale Zielart zu sein. In der Folge ertappte ich mich immer wieder dabei, Auswahlkriterien zu ihren Gunsten auszulegen. Und schienen lokale Gegebenheiten nicht mit den Ansprüchen der Art vereinbar, suchte ich nach Belegen, die die Vereinbarkeit dennoch stützen. Wirklich tragisch ist das letzten Endes nicht: Wie in den ersten beiden Diskussionspunkten erwähnt, bringen die auf die Wimperfledermaus bezogenen Maßnahmen auch für andere lokal auftretende Arten eine Reihe von Vorzügen mit sich. Die Frage, die sich hier jedoch stellt ist, ob diese Vorgehensweise gerechtfertigt ist. Vielleicht habe ich durch meinen Fokus auf die Wimperfledermaus eine andere, vielleicht ebenso gut als Zielart geeignete Art außer Acht gelassen?

Aufgrund der unüberschaubaren Artenanzahl ist Naturschutz zwangsläufig selektiv. Diese Kausalität lässt sich einerseits dadurch erklären, dass nicht alles potentiell Schützbare überhaupt bekannt ist und andererseits dadurch, dass Ressourcen (finanzielle Mittel, Personal, Flächen, etc.) nicht in unbegrenztem Ausmaß vorhanden sind. Da es folglich nicht möglich ist, alles Schützenswerte nur um seiner selbst willen zu schützen, müssen im Naturschutz Entscheidungen in bestimmte Richtungen getroffen werden. Wo dies möglich ist, werden die Entscheidungen im Bewusstsein auf die menschliche Wertsetzung und in Hinblick auf den Wert für Menschen getroffen. In den übrigen Fällen sollten die Entscheidungen des Naturschutzes in einer Weise getroffen werden, die möglichst vielen Arten eine Existenzmöglichkeit und -berechtigung einräumt. Im Idealfall ist dabei kein Platz für Willkür, Zufall und Opportunismus.

Der Weg zu diesem Ziel wurde in den vergangenen Jahrzehnten zunehmend durch das Paradigma der *repräsentativen Arten* geprägt. Wie der Terminus nahe legt, sollen diese Arten als charakteristische Stellvertreter für eine größere Gruppe von Arten oder für ganze Lebensraumtypen Naturschutzziele oder Indikatoren darstellen. Jedoch lässt sich die willkürliche Komponente, wie das eingangs erwähnte Beispiel der Wimperfledermaus zeigt, auch bei systematischer Vorgehensweise nicht immer vermeiden.

Als Fazit dieses Diskussionspunktes können zwei Aspekte genannt werden, die noch einmal hervorstreichen, dass eine „ethisch" einwandfreie Naturschutzplanung oft schwierig ist:

1. Das in dieser Arbeit angewandte Auswahlschema für Zielarten soll andere als sachlich - also durch die Ausarbeitungen des Naturschutzes - begründete Einflussfaktoren

minimieren, schließt jedoch nicht aus, dass individuelle menschliche Präferenzen oder Willkür dennoch Einfluss auf dessen Ergebnisse nehmen.

2. Die Entscheidung für eine Zielart bedeutet im kleinen räumlichen Kontext, der im Rahmen dieser Arbeit das Planungsumfeld darstellt, immer auch die Entscheidung gegen andere Arten. Für dieses Dilemma gibt es keine Lösung. Darum muss der/die PlanerIn letzten Endes selbst entscheiden, welche Art (gleiche Eignung vorausgesetzt), durch Fördermaßnahmen begünstigt werden soll.

5. Die gezielte Förderung gefährdeter Arten kann die Standortentwicklung eines Unternehmens stark einschränken und ist darum nicht in jedem Fall attraktiv.

Das Beispiel der Gelbbauchunke auf dem Areal von *Roche Diagnostics* in Penzberg (vgl. Kapitel 5) zeigt, welche Einschränkungen für Unternehmen mit dem Nachweis Roter-Liste-Arten auf dem Areal verbunden sein können.

Die rechtliche Grundlage dafür findet sich im Bundesnaturschutzgesetz. In Kapitel 5 - *Schutz der wild lebenden Tier- und Pflanzenarten, ihrer Lebensstätten und Biotope*, Abschnitt 3, §44 sind die Vorschriften für besonders geschützte und bestimmte andere Tier- und Pflanzenarten festgehalten:

Es ist verboten,
1. *wild lebenden Tieren der besonders geschützten Arten nachzustellen, sie zu fangen, zu verletzen oder zu töten oder ihre Entwicklungsformen aus der Natur zu entnehmen, zu beschädigen oder zu zerstören,*
2. *wild lebende Tiere der streng geschützten Arten und der europäischen Vogelarten während der Fortpflanzungs-, Aufzucht-, Mauser-, Überwinterungs- und Wanderungszeiten erheblich zu stören; eine erhebliche Störung liegt vor, wenn sich durch die Störung der Erhaltungszustand der lokalen Population einer Art verschlechtert,*
3. *Fortpflanzungs- oder Ruhestätten der wild lebenden Tiere der besonders geschützten Arten aus der Natur zu entnehmen, zu beschädigen oder zu zerstören,*
4. *wild lebende Pflanzen der besonders geschützten Arten oder ihre Entwicklungsformen aus der Natur zu entnehmen, sie oder ihre Standorte zu beschädigen oder zu zerstören.*

(§ 44 BNatSchG)

Im Kontext von Unternehmensarealen sind insbesondere die Punkte 2 bis 4 relevant. Dabei sind nicht nur baustrukturelle Veränderungen auf einem Gelände, die offensichtlich eine Beschädigung oder Zerstörung von Fortpflanzungs- und Ruhestätten solcher Arten nach sich ziehen, zu beachten. Eine Störung, die den Erhaltungszustand der lokalen Population einer Art verschlechtert, wäre auch durch Einflüsse, die zur Vertreibung der Art führen, gegeben. Ein denkbares Beispiel wäre etwa eine Erhöhung des Lieferverkehrs, die eine diesbezüglich empfindliche Art beeinträchtigt.

Die von mir ausgewählten Zielarten sind diesbezüglich grundsätzlich als unproblematisch einzustufen. Es handelt sich um Arten, die mehr oder weniger als Kulturfolger angesehen werden können oder bezüglich menschlicher Aktivitäten, die nicht ihren direkten Lebensraum betreffen, unempfindlich sind. Auf den ausgewählten Zielflächen sind zudem keine baulichen Maßnahmen geplant, nicht zuletzt, da sie eher kleinflächig sind. Trotzdem ist auch bei diesen Arten zu beachten, dass im Falle ihrer tatsächlichen Ansiedlung, Einschränkungen möglich sind. Zudem könnten sich aufgrund der zielartbezogenen Maßnahmen andere, ebenfalls geschützte, Arten ansiedeln, die auf betriebsbedingte Einflüsse empfindlicher reagieren.

Das Risiko, dass sich geschützte Arten auf einem Betriebsgelände „wohl fühlen" und dadurch Einschränkungen für die Standortentwicklung entstehen, besteht prinzipiell auch ohne vorhergehende naturschutzfachliche Aufwertung des Areals. Die Durchführung von Aufwertungsmaßnahmen begünstigt sinngemäß jedoch die Ansiedlung solcher Arten. In diesem Punkt ist das von mir angewandte Konzept einer zielartorientierten Aufwertung gegenüber einer allgemeinen Aufwertung ohne Zielart im Vorteil: Bestehen Bedenken bezüglich der Standortentwicklung kann auf Zielarten zurückgegriffen werden, die nicht in der Roten Liste geführt werden, was durchgeführte Maßnahmen leichter reversibel macht. Grundsätzlich sollte man sich jedoch im Klaren sein, dass eine naturschutzfachliche Aufwertung mit einer gewissen Verantwortung einhergeht. Im Gegensatz zu anderen gestalterischen Maßnahmen im Außenbereich werden gezielt Lebensräume für Arten geschaffen, die in der freien Landschaft selten geworden sind. Soll das Gelände dann nach einigen Jahren erneut umgestaltet werden, bedeutet dies, insofern es mit dem Bundesnaturschutzgesetz überhaupt vereinbar ist, dass diese Lebensräume wieder vernichtet werden und damit schutzbedürftigen Arten die Lebensgrundlage entzogen wird. Das Resümee aus diesem Diskussionspunkt sind folgende Aspekte:

1. Vor der Durchführung von Aufwertungsmaßnahmen, die Rote-Liste Arten fördern sollen, sollte sichergestellt werden, dass für die Zielfläche mittel- bis langfristig keine andere Nutzung vorgesehen ist.

2. Im Zweifelsfall sollten weniger streng geschützte Arten als Zielarten eingesetzt werden.

3. Naturschutzfachliche Aufwertungsmaßnahmen sollten keinesfalls ausschließlich als „Designobjekte" verstanden werden. Das durchführende Unternehmen begibt sich hier in das sensible Feld des Artenschutzes, was mit einer Verantwortung für die profitierenden (Ziel)arten einhergeht.

6. Methodenkritik

Die Methoden, die im Rahmen dieser Arbeit zur Anwendung kamen, dienten einerseits der Zielfindung und andererseits der Datenerfassung. Die Methode zur Zielfindung, das Auswahlschema für Zielarten, basiert auf einem bestehenden Ansatz, der für die Entwicklungsplanung von Schutzgebieten vorgesehen ist. Sie stellt einen Weg dar, die naturschutzfachliche Aufwertung von Unternehmensarealen zu normieren, ohne lokale Besonderheiten außen vor zu lassen. Nach einigen Modifikationen ließ sich das Auswahlschema auf die Untersuchungsflächen anwenden (vgl. 3.2.4). Das Ergebnis, also die Benennung Zielarten, kann insofern als erfolgreich angesehen werden, als dass es möglich war, entsprechend der Ansprüche der Zielarten, Maßnahmenvorschläge abzuleiten. Bei der Anwendung ist mir jedoch aufgefallen, dass es vor dem Hintergrund einer kleinräumigen Umgestaltung im bebauten Gebiet, unter Umständen etwas zu weit greift: Das Ziel ist schließlich nicht die Entwicklung von hochwertigen Flächen für den Naturschutz, sondern lediglich eine Aufwertung, die einzelnen heimischen Arten zugutekommen soll. Vor diesem Hintergrund sind die Ausschlusskriterien, durch die gewährleistet werden soll, dass Zielarten besonderer Fürsorge des Naturschutzes bedürfen (z. B. „Reliktvorkommen oder Endemismus"), oder wichtige Funktionen (z. B. „Art mit wichtiger Zeiger- oder Indikatorfunktion") erfüllen können, vielleicht zu weit greifend. Ich würde darum empfehlen, den Punkt „Erfüllung mindestens eines der Einzelkriterien" bei der zukünftigen Anwendung außen vor zu lassen, um die Ansprüche nicht zu hoch anzusetzen. So könnten bei der Zielartenauswahl auch Arten benannt werden, deren Lebensraumansprüche weniger komplex und darum vermutlich leichter und realistischer umzusetzen sind. Dies gilt jedoch nur, wenn die tatsächliche Nutzung der Zielfläche durch die Zielart im Fokus der Maßnahmenplanung steht. Anderenfalls können Zielarten mit komplexen Lebensraumansprüchen, wie erwähnt, dazu beitragen, dass seltene und lokal typische Strukturen besser identifiziert werden können, als dies bei weniger anspruchsvollen Zielarten der Fall wäre. Wie ich beim Beispiel des Neuntöters, der sekundären Zielart für das Areal von *Rapunzel,* feststellte, gibt auch andere Wege, Zielarten zu benennen (vgl. 7.1.2). In diesem Fall habe ich direkt von Strukturen (Streuobstflächen), die im ABSP für Siedlungsgebiete als förderungswürdig genannt werden, auf die Zielart geschlossen und nicht umgekehrt, wie es das Auswahlschema vorgeben würde. Aber auch in diesem Fall, in dem die zu entwickelnden Strukturen bereits im Vorfeld festgelegt sind, hat es sich als sinnvoll erwiesen, eine Zielart zu benennen: Basierend auf den Lebensraumansprüchen des Neuntöters konnten zusätzliche Maßnahmen und eine bestimmte Vorgehensweise bei der Pflege abgeleitet und begründet werden. Für zukünftige Planungen könnte diese Herangehensweise konkretisiert, systematisiert und ausgebaut werden.

Die von mir gewählten Methoden zur Datenerfassung auf den Untersuchungsflächen haben sich insofern als zielführend erwiesen, als dass die erhobenen Daten ausreichend waren, um auf die lokalen Bedingungen angepasste und umsetzbare Maßnahmenvorschläge abzuleiten. Als unverzichtbare Grundlagen für die weitere Vorgehensweise sind hier vor allem die Kartierung der Strukturen und der betriebsbedingt unvermeidbaren Störungen zu nennen. Ebenfalls essentiell ist die Aufnahme sämtlicher spontanen Pflanzenarten auf den Arealen, da es möglich ist, dass geschützte Arten darunter sind, die in der Folge als Zielarten benannt werden sollten. Dieser Logik folgend wäre es jedoch auch sinnvoll, bei zukünftigen Planungen zusätzlich eine faunistische Kartierung vorzunehmen. Nur so kann sichergestellt werden, dass die Zielfläche nicht schon vor der Umsetzung von Aufwertungsmaßnahmen Funktionen für geschützte oder gefährdete Arten erfüllt, deren Förderung Priorität hätte. Fraglich ist jedoch, ob die Auswertung der Zeigerwerte nach Ellenberg in jedem Fall notwendig ist. Auf der einen Seite ist der zusätzliche Aufwand überschaubar (da die spontanen Pflanzenarten ohnehin erfasst werden) und die Methode ein einfacher Weg, die abiotischen Bedingungen auf der Zielfläche zu erfassen. Auf der anderen Seite fanden die Ergebnisse der Auswertung in dieser Arbeit nur wenig weitere Verwendung. In Einzelfällen konnte ich daraus konkrete Vorschläge für Bepflanzungen ableiten; außerdem konnte ich im Fall des Großen Wiesenknopfes die Eignung der Zielfläche für die Ansaat desselben bestätigen (vgl. 8.2). Für die Auswahl der Zielarten hingegen waren die abiotischen Standortbedingungen nicht relevant, weshalb der Einfluss der Methode auf das Ergebnis als gering einzustufen ist, nicht zuletzt, weil die Auswertung der Zeigerwerte keine Erkenntnisse lieferte, die in dieser Form nicht zu erwarten gewesen wären. Im Sinne einer standortgerechten Planung ist es jedoch angemessen, die abiotischen Standortfaktoren zu erheben. Gerade auf kleinstrukturierten Unternehmensarealen, wie den Untersuchungsflächen dieser Arbeit, bestehen zwischen den einzelnen Strukturen oft Unterschiede in den Standortbedingungen, aus denen sich verschiedene Potentiale für die Maßnahmenplanung ergeben können.

Zusammenfassend können, im Hinblick auf die Methoden, folgende Aspekte festgehalten werden:

1. Je nach Ziel der Aufwertung kann das Auswahlschema für Zielarten eventuell vereinfacht werden. Auf diese Weise können auch Zielarten benannt werden, die weniger komplexe Habitatansprüche haben.

2. Grundsätzlich ist eine normierte, lokalbezogene Aufwertung auch möglich, indem Zielarten über die im ABSP genannten, förderungswürdigen Strukturen identifiziert werden.

3. Die Auswertung der Zeigerwerte nach Ellenberg kann zwar Erkenntnisse für die Konkretisierung der Maßnahmenplanung liefern, ist jedoch kein unverzichtbarer Bestandteil des Konzeptes.

4. Bei zukünftigen Planungen sollte neben der Erfassung der spontanen Flora, auch eine Erfassung der Fauna vorgenommen werden. Dadurch könnten eventuell auftretende geschützte oder gefährdete Tierarten identifiziert und als Zielarten benannt werden.

10 Zusammenfassung und Ausblick

Im Rahmen dieser Masterarbeit habe ich ein Konzept zur Aufwertung von Unternehmensarealen entwickelt, das möglicherweise besser geeignet ist, die lokale Biodiversität zu fördern und zu erhalten, als die allgemeinen Ansätze, die bisher angewendet werden (vgl. 2.1). Der besondere Vorzug besteht darin, dass dieses Konzept einen universell anwendbaren, aber trotzdem auf lokale Besonderheiten bezogenen, Leitfaden für die Entwicklung von Aufwertungsmaßnahmen in ganz Bayern und nach Modifikationen auch in anderen Gebieten darstellt. Im Gegensatz zu anderen Ansätzen ist mein Konzept keine Normierung des Zieles, sondern eine Normierung des Weges zum Ziel. Das bedeutet, dass andere Ansätze tendenziell auf allgemeine Zielvorgaben, wie z. B. „heimische Gehölze" oder „Extensivierung von Rasenflächen" fokussiert sind, ohne dabei auf standardisierte Planung zu setzen. Das von mir entwickelte Konzept hingegen gibt einen Weg zur individuellen und standortgerechten Gestaltung von Betriebsgeländen unter Einbeziehung der lokalen Naturbeschaffenheit vor.

Zur Entwicklung des Konzeptes habe ich zunächst, ausgehend von der bayerischen Biodiversitätsstrategie als politische Leitlinie, ein vorrangig biotisches Leitbild formuliert, in dem der gewünschte Zielzustand aufgewerteter Unternehmensareale festgehalten ist. Dieses Leitbild diente als Grundlage zur Entwicklung eines Auswahlschemas für Zielarten, das an Schemen, die in der amtlichen Naturschutzplanung zur Anwendung kommen, angelehnt ist. Auf Grundlage der Habitatansprüche der durch das Auswahlschema benannten Zielarten sollten anschließend Vorschläge für Aufwertungsmaßnahmen auf bestimmten Zielflächen entwickelt werden. Beispielhaft habe ich diese Vorgehensweise anschließend auf zwei Unternehmensareale (*Bergader* in Waging am

See und *Rapunzel* in Legau) angewendet. Zunächst erfasste ich die Situation auf den beiden Untersuchungsflächen im Hinblick auf relevante Faktoren. Dazu nahm ich auf den Arealen eine Kartierung der Strukturen und die Aufnahme aller spontanen Arten, aus deren Zeigerwerten nach ELLENBERG et al. (1992) die jeweilig biologisch wirksamen Standortfaktoren abgeleitet werden konnten, vor. Diese Daten sollten einerseits die Eigenheiten der Betriebsgelände im Hinblick auf die Zielartenauswahl feststellen und andererseits eingrenzen, welche Aufwertungsmaßnahmen prinzipiell möglich sind. Anschließend recherchierte ich in den Ausarbeitungen des Arten und Biotopschutzprogrammes (ABSP) auf Landkreisebene nach den naturschutzfachlich relevanten Besonderheiten der Gebiete, die die Untersuchungsflächen einschließen. Dies waren beispielsweise naturschutzfachlich relevante Flächen, Schutzgebiete oder Artnachweise, aber auch Entwicklungsziele, Schwerpunktarten und Maßnahmen des regionalen Naturschutzes. Anhand bestimmter Kriterien habe ich aus den Artnachweisen in der Umgebung der Untersuchungsflächen Arten ausgewählt, die das Auswahlschema für Zielarten durchliefen. Als Ergebnis konnte ich für beide Untersuchungsflächen jeweils eine primäre und eine sekundäre Zielart benennen. Eine Recherche zu den Lebensweisen und Lebensraumansprüchen dieser Arten ermöglichte es mir anschließend festzustellen, welche der Flächen auf den untersuchten Arealen als Zielflächen für auf die Zielarten bezogene Aufwertungsmaßnahmen in Frage kommen. Abschließend habe ich für ausgewählte Zielflächen auf beiden Untersuchungsflächen Maßnahmenvorschläge formuliert, die ich jeweils durch die Habitatansprüche der Zielarten begründet habe.

Als Fazit möchte ich zunächst festhalten, dass die von mir angewendete Methode zwar interessante Perspektiven für eine naturschutzfachliche Aufwertung von Unternehmensarealen bietet, jedoch auch Grenzen hat. Grundsätzlich kann man feststellen, dass es möglich und sinnvoll ist Aufwertungsmaßnahmen durch die Habitatansprüche von lokal auftretenden Zielarten zu begründen. Selbst für die stark versiegelten Untersuchungsflächen konnte ich Maßnahmenvorschläge entwickeln, von denen die Zielarten - allesamt Arten, die im Fokus des Naturschutzes stehen - direkt profitieren können. Der entscheidende Vorteil dieser Vorgehensweise im Vergleich zu einer Aufwertung ohne lokal auftretende Zielarten ist, dass die Maßnahmen auch ohne eine tatsächliche Annahme der Zielflächen durch die Zielarten im regionallandschaftlichen Kontext begründet sind und somit auch andere Arten, die vermutlich in der Umgebung auftreten, davon profitieren („Mitnahmeeffekt"): Da die Zielarten in der weiteren Umgebung der Untersuchungsflächen auftreten, müssen ihre Habitatansprüche zwangsläufig erfüllt sein, das heißt, dass Strukturen, die sie als Unterschlupf, zur Nahrungsaufnahme und/oder zur Fortpflanzung benötigen vorhanden sind. Etabliert man diese Strukturen auf einem Unternehmensareal, erhöht man folglich die Dichte der jeweiligen Habitattypen in der Region, wovon prinzipiell alle darauf angewiesenen Arten profitieren können. Zudem ist sichergestellt, dass die Aufwertungsmaßnahmen Strukturen hervorbringen, die in der Umgebung des Areals tatsächlich vorhanden sind, wodurch sich das Areal besser in die regionale Landschaftsbeschaffenheit eingliedern kann.

Ein Punkt, der bei der Anwendung des Konzeptes auf jeden Fall beachtet werden sollte, ist jedoch, dass die Vorgehensweise keinesfalls als ernstzunehmendes Mittel gegen den großflächigen Verlust bestimmter Lebensraumtypen und den anhaltenden Rückgang der Biodiversität anzusehen ist. Das Konzept soll vielmehr dazu dienen den - natürlich auch nach Durchführung der Aufwertungsmaßnahmen vorhandenen - negativen Einfluss eines Betriebsgeländes auf die lokale Artenvielfalt zu reduzieren. Eventuelle Ausgleichsmaßnahmen sind also auch bei entsprechender Gestaltung eines Geländes unumgänglich.

Weiterhin ist anzumerken, dass es nicht in jedem Fall möglich bzw. sinnvoll ist Rote-Liste Arten als Zielarten einzusetzen. Erstens ist es oft schwierig oder nicht möglich, auf stark versiegelten Flächen Maßnahmen durchzuführen, von denen diese Arten tatsächlich profitieren. Zweitens sind nicht immer Artnachweise solcher Arten in der Umgebung eines Unternehmensareals vorhanden oder die oft komplexen oder sehr speziellen Habitatansprüche dieser Arten sind prinzipiell nicht mit den Bedingungen auf dem Betriebsgelände vereinbar. Zuletzt kann die Ansiedlung von Rote-Liste Arten auf einem Unternehmensareal auch Einschränkungen für die Standortentwicklung mit sich bringen, da erhebliche Störungen von streng geschützten Arten oder deren Lebensräumen gesetzlich untersagt sind. Somit kann es in manchen Fällen sinnvoll sein, weniger streng geschützte Arten als Zielarten zu benennen. Natürlich kann als Zielart auch eine Rote-Liste Art benannt werden, deren tatsächliche Ansiedlung auf der Zielfläche sehr unwahrscheinlich ist, wenn das Ziel der Aufwertung lediglich die Etablierung regionaltypischer Strukturen und Landschaftselemente ist. Wie zuvor erwähnt, können von solchen Maßnahmen auch andere regional auftretende Arten profitieren.

Für die Weiterentwicklung und Verbesserung des von mir entwickelten Konzeptes sollte der nächste Schritt die praktische Umsetzung von Maßnahmenvorschlägen sein, die nach diesem Ansatz entwickelt wurden. Dabei werden fraglos neue Erkenntnisse erlangt, mit denen das theoretische Konzept besser an die Bedingungen in der Realität angepasst werden kann. Zudem können nach der Umsetzung Erfahrungswerte bezüglich des Erfolgs von zielartbezogenen Aufwertungsmaßnahmen gesammelt werden. Das Erfolgsmonitoring sollte sich jedoch nicht nur auf die Zielarten beschränken, sondern nach Möglichkeit das gesamte Artenspektrum auf den Zielflächen umfassen. Die Ziel- und Vergleichsflächen, auf denen keine Maßnahmen umgesetzt wurden, sollten dabei zu einem festgelegten Zeitpunkt in Jahresabschnitten untersucht werden. Aus den Veränderungen des Artenspektrums auf den untersuchten Zielflächen in Relation zu den Entwicklungen auf den Vergleichsflächen können anschließend Erkenntnisse über die Wirksamkeit von Maßnahmen abgeleitet werden. Sollte sich die Hypothese bestätigen, dass regionaltypische Arten und im Idealfall die jeweiligen Zielarten eine Fläche nach der Umsetzung von zielartbezogenen Aufwertungsmaßnahmen als Habitat annehmen, bezeugt dies die Zweckmäßigkeit des Konzeptes. Anderenfalls müssen die Ursachen für das Nichteintreten der gewünschten Entwicklung ergründet werden. Erkenntnisse, die auf diesen Ursachen basieren, können anschließend zur weiteren Nachbesserung des Konzeptes herangezogen werden.

Ein weiterer notwendiger Abgleich ist ein vergleichendes Erfolgsmonitoring zwischen Flächen, die zielartbezogen aufgewertet wurden, und Flächen, die auf herkömmliche Weise aufgewertet wurden (z. B. nach den Kriterien eines der in 2.1 erwähnten Programme). Nur so lässt sich feststellen, ob der zusätzliche Aufwand für eine Aufwertungsplanung auf Basis der Ausarbeitungen im ABSP auf Kreisebene gerechtfertigt ist. Dies wäre etwa der Fall, wenn eine höhere Artenanzahl, ein höherer Anteil geschützter Arten oder ein höherer Anteil von Charakterarten regionaltypischer Habitate nachweisbar sind.

In der Diskussion (Kapitel 9) habe ich einige Probleme angesprochen, die mit der Auswahl von geschützten Zielarten für stark versiegelte, oft in Siedlungen gelegene Betriebsgelände verbunden sind. Dazu zählen allen voran die geringe Verfügbarkeit potentieller Zielflächen auf hochgradig versiegelten Arealen, die mit dem Betrieb einhergehenden, unvermeidbaren Störungen sowie die möglichen Einschränkungen für die Standortentwicklung aus betrieblicher Sicht. Aus diesem Grund habe ich die Vermutung geäußert, dass mein Konzept vor allem Potential für weniger stark versiegelte, großflächige Areale hat. Weiterführende Forschung könnte somit die Anwendbarkeit des

Konzeptes auf derartige Flächen prüfen. Im Bereich der Betriebsflächen im weitesten Sinne kämen etwa Golfplätze, Solarparks, Freizeitparks, die unversiegelten Bereiche von Verkehrsflächen aller Art, großflächige Dachbegrünungen, aber auch öffentliche Sportanlagen, die Außenbereiche von Schulen oder Friedhöfe als Anwendungsgebiete in Betracht. Die bessere Verfügbarkeit potentiell gestaltbarer Zielflächen auf derartigen Arealen dürfte es erleichtern, den Habitatansprüchen von Rote-Liste Arten durch Aufwertungsmaßnahmen gerecht zu werden.

Abschließend bleibt festzuhalten, dass auf dem relativ jungen Themenfeld der naturschutzfachlichen Aufwertung von Unternehmensarealen noch erhebliches Entwicklungspotential besteht. Insbesondere der wissenschaftliche Hintergrund zur Anwendung und Wirksamkeit verschiedener Ansätze, Konzepte und Herangehensweisen fehlt bislang weitgehend. Somit wird das Fachwissen zumeist aus verwandten Disziplinen wie der Stadtökologie oder der Renaturierungsökologie übernommen. In Anbetracht des wachsenden Interesses an der naturnahen Gestaltung von Betriebsgeländen wäre es jedoch sinnvoll, wenn explizit die Auswirkungen verschiedener Gestaltungsweisen von Unternehmensarealen in Zukunft verstärkt Gegenstand empirischer ökologischer Forschung würden.

11 Literatur

AMT DER STEIERMÄRKISCHEN LANDESREGIERUNG (2008): Biotoptypenkatalog der Steiermark.

ANL (2014): Unternehmen Natur. Biologische Vielfalt und Wirtschaft.
(http://www.anl.bayern.de/projekte/unternehmen_natur.htm Zugriff: 9.4.2014).

ARTENAGENTUR-SH (2014): Entwicklung Betriebsgelände AWR für Belange des Artenschutzes.
http://artenagentur-sh.lpv.de/projekte/integrierte-projekte-flora-amp-fauna/entwicklung-betriebsgelaende-awr.html (Zugriff: 23.10.2014)

AUBRECHT, P. & K.C. PETZ (2001): Bevölkerung und Flächenverbrauch. Umweltsituation in Österreich. Sechster Umweltkontrollbericht des Bundesministers für Land- und Forstwirtschaft, Umwelt und Wasserwirtschaft an den Nationalrat. Wien, 23-31.

B&B CAMPAIGN (BIODIVERSITY AND BUSINESS CAMPAIGN) (2014): Die B&B Kampagne. http://www.business-biodiversity.eu/default.asp (Zugriff: 23.10.2014)

BAYERISCHES LANDESAMT FÜR STATISTIK UND DATENVERARBEITUNG (2013): Gebiet, Flächennutzung.
https://www.statistik.bayern.de/statistik/gebiet/ (Zugriff: 13.11.2013)

BAYERISCHE STAATSREGIERUNG (2014): Kennzahlen Wirtschaftswachstum.
http://www.bayern.de/Leistungsvorsprung-Bayern-.2287.10275522/index.htm (Zugriff: 7.4.2014).

BAYERISCHES STAATSMINISTERIUM FÜR LANDESENTWICKLUNG UND UMWELTFRAGEN (2003): Arten- und Biotopschutzprogramm Bayern. Landkreis Pfaffenhofen a. d. Ilm. Aktualisierter Textband.

BERGADER (2014): Über Bergader. http://www.Bergader.de/index.php?id=2 (Zugriff: 11.08.2014)

MEYER, S., K. STEFFEN, W. HILBIG, S. SCHUCH (2013): Ackerwildkrautschutz. Eine Bibliographie. BFN-Skripten 351.

BEZZEL, E. (1993): Kompendium der Vögel Mitteleuropas. Passeres, Singvögel. Wiesbaden: Aula-Verlag.

BODENSEESTIFTUNG (2008): Naturnahe Gestaltung von Firmengeländen. http://www.bodensee-stiftung.org/projekte/naturnahe-gestaltung-von-firmengel%C3%A4nden (Zugriff: 12.12.2013)

BUND NATURSCHUTZ KREISGRUPPE WEILHEIM-SCHONGAU (2014): Schutzgebiete. http://umwelt-weilheim.de/schutzgebiete.html (Zugriff: 12.06.2014).

BNatSchG (BUNDESNATURSCHUTZGESETZ): Gesetz über Naturschutz und Landschaftspflege (Bundesnaturschutzgesetz – BNatSchG) vom 1. März 2010.

CLIMATEDATA.ORG (2014): Klima: Legau. http://de.climate-data.org/location/143441/ (Zugriff:14.10.2014)

DENFFER,D., F. EHRENDORFER, K. MÄGDEFRAU, H. ZIEGLER (1978): Lehrbuch der Botanik für Hochschulen, Stuttgart : Fischer.

DIE GRÜNE STADT (2011): Einfach grün und gut. Der Wettbewerb FirmenGärten lebt durch Sie! Informationsbroschüre zum Wettbewerb FrimenGärten. http://die-gruene-stadt.de/wp-content/uploads/2011/01/pdf-Broschuere-Wettbewerb-FirmenGaerten.pdf (Zugriff: 12.12.2013)

DIERSCHKE: H. (1994): Pflanzensoziologie. Grundlage und Methoden. Stuttgart: Ulmer.

DIERSCHKE: V. (2014): Welcher Vogel ist das? Kosmos: Stuttgart.

DUDEN (2014): Hudern. http://www.duden.de/rechtschreibung/hudern (Zugriff: 25.11.2014)

EBERT, G. (1991): Die Schmetterlinge Baden-Württembergs: 2. Band: Tagfalter II. Stuttgart: Ulmer.

ELLENBERG, H. , WIRTH, V., WERNER, W., PAULISSEN, D. (1992): Zeigerwerte von Pflanzen in Mitteleuropas. Scripta Geobotanica, 18. Göttingen: Glotze.

EMAS (ECO MANAGEMENT AND AUDIT SCHEME) (2014): Was ist EMAS? http://www.emas.de/ueber-emas/was-ist-emas/ (Zugriff: 20.11.2014)

ERZ, W. & B. KLAUSNITZER (1998): Fauna. In: Sukopp, H. & R. Wittig (1998): Stadökologie. Ein Fachbuch für Studium und Praxis (pp. 266-315). Stuttgart: Fischer.

FELLENBERG, G. (1999): Instrumentarien zur Begrenzung von Belastungen der Umwelt. In Umweltbelastungen (pp. 198-211). Vieweg: Teubner Verlag.

FLEDERMAUSSCHUTZ.DE (2014): Wochenstuben – Junge werden geboren. http://www.fledermausschutz.de/biologie/wochenstuben-junge-werden-geboren/ (Zugriff: 13.08.2014)

GILBERT, O. L., & KRÜGER, D. (1994): Städtische Ökosysteme. Radebeul: Neumann.

GRAF, R., H. BOLZERN-TÖNZ & L. PFIFFNER (2010): Leitarten für das Landwirtschaftsgebiet: Erarbeitung von Konzept und Auswahl-Methoden am Beispiel der Schweiz. Naturschutz und Landschaftsplanung, 42(1), 5-12.

GRILL, A.; CLEARY, D.F.R.; STETTMER, C.; BRÄU, M.; SETTELE, J. (2008): A mowing experiment to evaluate the influence of management on the activity of host ants of Maculinea butterflies. Journal of Insect Conservation, 12. 617 – 627.

HARDIN, G. (1960): The competitive exclusion principle. Science, 131(3409), 1292-1297.

JESSEL, B., & TOBIAS, K. (2002): Ökologisch orientierte Planung. Stuttgart: Ulmer.

KORNEK, D., M. SCHNITTLER, F.KLINGENSTEIN, G.LUDWIG, M. TAKLA, U. BOHN, R.MAYR (1998): Warum verarmt unsere Flora? Auswertung der Roten Liste der Farn- und Blütenpflanzen Deutschlands. Schriftenreihe für Vegetationskunde 29: 299 - 444.

KOWARIK, I. (1992): Das Besondere der städtischen Flora und Vegetation. Natur in der Stadt-der Beitrag der Landespflege zur Stadtentwicklung.(Schriftenreihe des deutschen Rates für Landespflege, Heft 61). Bonn, 33-47.

ISSEL, W. & ISSEL, B. (1953): Zur Verbreitung und Lebensweise der gewimperten Fledermaus, *Myotis emarginatus*. – Säugetierkundliche Mitteilungen 1:145-148.

LAND OBERÖSTERREICH (2014): Wege zur Natur im Betrieb. Informationsmappe. http://www.land-oberoesterreich.gv.at/files/publikationen/N_natur_infomappe.pdf (Zugriff: 23.10.2014)

LFU (BAYERISCHES LANDESAMT FÜR UMWELT) (1999): Arten- und Biotopschutzprogramm Landkreis Unterallgäu.

LFU (BAYERISCHES LANDESAMT FÜR UMWELT) (2003): Rote Liste gefährdeter Brutvögel Bayerns. http://www.lfu.bayern.de/natur/rote_liste_tiere_daten/doc/tiere/aves.pdf (Zugriff: 10.10.2014).

LFU (BAYERISCHES LANDESAMT FÜR UMWELT) (2004): Fledermäuse in Bayern. Stuttgart: Ulmer.

LFU (BAYERISCHES LANDESAMT FÜR UMWELT) (2008): Arten- und Biotopschutzprogramm Landkreis Traunstein.

LFU (BAYERISCHES LANDESAMT FÜR UMWELT) (2008a): Fledermausquartiere an Gebäuden: Erkennen, erhalten, gestalten. http://fledermaus-bayern.de/content/fldmcd/schutz_und_pflege_von_fledermaeusen/fledermausquartiere-gebaeuden-lfu-broschuere.pdf (Zugriff: 11.09.2014)

LFU (BAYERISCHES LANDESAMT FÜR UMWELT)(2012): Karte der potentiellen Natürlichen Vegetation Bayerns. http://www.lfu.bayern.de/natur/potentielle_natuerliche_vegetation/doc/pnv_500_bayern.pdf (Zugriff: 11.08.2014)

LFU (BAYERISCHES LANDESAMT FÜR UMWELT) (2013): Flächen für Naturschutzziele.

http://www.lfu.bayern.de/umweltqualitaet/umweltbewertung/natur/naturschutzziele/index.htm (Zugriff: 13.11.2013)

LFU (BAYERISCHES LANDESAMT FÜR UMWELT) (2013a): Schwarzblauer Wiesenknopfbläuling (Maculinea nausithous). http://www.lfu.bayern.de/natur/sap/arteninformationen/steckbrief/zeige/131716 (Zugriff: 11.09.2014)

LFU (BAYERISCHES LANDESAMT FÜR UMWELT) (2013b): Neuntöter (Lanius collurio).

http://www.lfu.bayern.de/natur/sap/arteninformationen/steckbrief/zeige/131808 (Zugriff:
09.10.2014)

LFU (BAYERISCHES LANDESAMT FÜR UMWELT) (2014): Arten- und Biotopschutzprogramm (ABSP) Landkreis
- das Handlungsprogramm des Naturschutzes auf Landkreiseben.
http://www.lfu.bayern.de/natur/absp_lkr/index.htm (Zugriff: 12.05.2014)

LOCHER, R. (2007): Jubiläumsbildband Stiftung Natur und Wirtschaft. Edition Commcare: Luzern.

LÜTT, S., & BEGRIFFE, W. (2004): Pflanzliche Neubürger in Schleswig-Holstein: eine Einführung. In:
Neophyten in Schleswig-Holstein: Problem oder Bereicherung? 7-20.

LÜTTGE, U., & KLUGE, M. (2012): Botanik: die einführende Biologie der Pflanzen. John Wiley & Sons.

LUWG (LANDESAMT FÜR UMWELT, WASSERWIRTSCHAFT UND GEWERBEAUFSICHT RHEINLAND PFALZ) (2010):
Steckbrief zur Art 6179 der FFH-Richtlinie: Dunkler Wiesenknopf-Ameisenbläuling (Maculinea
nausithous). http://www.natura2000.rlp.de/steckbriefe/index.php?a=s&b=a&c=ffh&pk=1061
(Zugriff: 11.09.2014)

MARTIN, K., & C. ALLGAIER (2011): *Ökologie Der Biozonosen*. Stuttgart: Springer.

MEBS, T., & SCHERZINGER, W. (2000): Die Eulen Europas. Kosmos, Stuttgart.

MINISTERIUM FÜR KLIMASCHUTZ, UMWELT, LANDWIRTSCHAFT, NATUR- UND VERBRAUCHERSCHUTZ DES LANDES
NORDRHEIN-WESTFAHLEN (2012): Dunkler Wiesenknopf-Ameisenbläuling *Phengaris nausithous* ID 109.
http://www.umwelt.nrw.de/extern/beteiligung/ID109-Dunkler-Wiesenknopf-Ameisenblaeuling.pdf
(Zugriff: 09.09.2014)

MÖRBE, T. (1999): Zur Mensch-Tier-Beziehung bei Kindern der 1. bis 4. Klasse einer Berliner
Großstadtschule. Dissertation zur Erlangung des Grades eines Doktors der Veterinärmedizin an der
Freien Universität Berlin.

NABU (2014): Der Neuntöter. Vogel des Jahres 1985.
http://www.nabu.de/aktionenundprojekte/vogeldesjahres/1985-derneuntoeter/ (Zugriff:
14.10.2014)

NABU BADEN-WÜRTTEMBERG (2014): Der Dunkle Wiesenknopf-Ameisenbläuling. http://baden-
wuerttemberg.nabu.de/tiereundpflanzen/bienenkaeferundco/artenportraets/03721.html (Zugriff:
12.09.2014)

NABU BADEN-WÜRTTEMBERG (2014): Streuobstwiesen bieten Vögeln eine Heimat. http://baden-
wuerttemberg.nabu.de/themen/streuobst/hintergrund/13540.html (Zugriff: 6.10.2014)

NATURLAND NIEDERÖSTERREICH (2013): Förderung der Natur auf dem Betriebsareal.
http://www.naturland-noe.at/foerderung-der-natur-auf-dem-betriebsareal (Zugriff: 12.12.2013)

NIEDERSTADT, F. (1998): Ökosystemschutz durch Regelungen des öffentlichen Umweltrechts. Duncker
& Humblot: Berlin.

POVOLNY, D. (1962): Versuch einer Klärung des Begriffes der Synanthropie von Tieren. In: Folia Zool., Vol. 25: 105-112.

RAPUNZEL (2014): Unternehmensportrait. http://www.*Rapunzel*.de/unternehmensportrait.html (Zugriff: 06.08.2014)

REBELE, F. (2009): Renaturierung von Ökosystemen in urban-industriellen Landschaften. In Renaturierung von Ökosystemen in Mitteleuropa (S. 389-422). Spektrum Akademischer Verlag: Heidelberg.

ROWECK, H. (1995): Landschaftsentwicklung über Leitbilder? Kritische Gedanken zur Suche nach Leitbildern für die Kulturlandschaft von morgen. LÖBF-Mitteilungen 4/95, 25-34.

SCHALLER, F. (1997): Lebensrecht und Artenschutz. Biologie in unserer Zeit, *27* (5), 317-321.

SMITH, M. & R. SMITH (2009): Ökologie. Pearson Studium Verlag Deutschland: München.

SMUL SACHSEN (SÄCHSISCHEN LANDESAMTES FÜR UMWELT, LANDWIRTSCHAFT UND GEOLOGIE) (2011): Artenschutzprogramm Weißstorch im Freistaat Sachsen 2010 / 2011. Endbericht.

SPEKTRUM (1999): Lexikon der Biologie. Kindchenschema. Spektrum Akademischer Verlag: Heidelberg. http://www.spektrum.de/lexikon/biologie/kindchenschema/36103 (Zugriff: 27.11.2014)

STATISTA (2014a): Bruttoinlandsprodukt (BIP) je Einwohner nach Bundesländern im Jahr 2013. http://de.statista.com/statistik/daten/studie/73061/umfrage/bundeslaender-im-vergleich---bruttoinlandsprodukt/ (Zugriff: 7.4.2014)

STATISTA (2014b): Bruttoinlandsprodukt (BIP) in Deutschland nach Bundesländern im Jahr 2013 (in Millionen Euro). http://de.statista.com/statistik/daten/studie/36889/umfrage/bruttoinlandsprodukt-nach-bundeslaendern/ (Zugriff: 07.04.2013).

STATISTISCHES BUNDESAMT (1999): Zur Interpretation und Verknüpfung von Indikatoren (Interlinkages). Arbeitspapier vom 10. Februar 1999. Wiesbaden.

STIFTUNG NATUR&WIRTSCHAFT (2013): Die Geschichte. http://www.naturundwirtschaft.ch/ueber-uns/das-sind-wir/geschichte.html (Zugriff: 10.12.2013)

STMUG (BAYERISCHES STAATSMINISTERIUM FÜR UMWELT- UND VERBRAUCHERSCHUTZ) (2012): Flächenverbrauchsbericht Stand 2013. https://www.stmuv.bayern.de/umwelt/boden/flaechensparen/verbrauchsbericht.htm (Zugriff: 26.05.2014)

STMUG (BAYERISCHES STAATSMINISTERIUM FÜR UMWELT- UND VERBRAUCHERSCHUTZ) (2009): Strategie zum Erhalt der biologischen Vielfalt in Bayern. Bayerische Biodiversitätsstrategie. http://www.stmug.bayern.de/umwelt/naturschutz/biodiversitaet/doc/biodiv_strategie_endfass06_2009_ba1.pdf (Zugriff: 13.11.2013)

STMUV (BAYERISCHES STAATSMINISTERIUM FÜR UMWELT- UND VERBRAUCHERSCHUTZ) (2014): Fragen zum Thema Biodiversität. Was sind die Ursachen für den Artenrückgang? http://www.stmuv.bayern.de/service/faq/anzeige_x.php?id=396 (Zugriff: 7.4.2014).

SUKOPP, H. & R. WITTIG (1993): Stadtökologie. Ein Fachbuch für Studium und Praxis. Fischer: Stuttgart.

TOWNSEND, C. R., M. BEGON & J.L. HARPER (2003): *Ökologie*. Stuttgart: Springer.

TREPL, L. (2007): Allgemeine Ökologie (Band 2). Frankfurt am Main: Peter Lang.

TRÖTSCHLER, P. (2013): Wirtschaft und biologische Vielfalt. Vortrag auf den Naturschutztagen Rothenburg (24.10.2013).

UMWELTBUNDESAMT (2014): Umweltprobenbank des Bundes. Ökosysteme. http://www.umweltprobenbank.de/de/documents/profiles/ecosystems (Zugriff: 24.06.2014)

VBOGL (VERBAND DER BEDIENSTETEN FÜR OBSTBAU, GARTENBAU UND LANDESPFLEGE BADEN WÜRTTEMBERG E.V.) (2014): Grasschnitt in Streuobstwiesen. http://www.vbogl.de/streuobst/grasschnitt.html (Zugriff: 15.10.2014)

WITTIG, R. DIESING, D. U. GÖDDE, M. (1985): Urbanophob, urbanoneutral, urbanophil. Das Verhalten der Arten gegenüber dem Lebensraum Stadt. Flora, 177, 265-282.

WITTIG, R. (1998): Flora und Vegetation. In: Sukopp, H. & R. Wittig (1998): Stadökologie. Ein Fachbuch für Studium und Praxis. Stuttgart: Fischer: 219-265.

WITTIG, R. H. SUKOPP, B. KLAUSNITZER (1993): Die ökologische Gliederung der Stadt. In: Sukopp, H. & R.

WITTIG (1993): Stadtökologie. Ein Fachbuch für Studium und Praxis. Stuttgart: Fischer: 219-265.

WESSOLEK, G., B. KLUGE, T. NEHLS, B. KOCHER (2009): Aspekte zum Wasserhaushalt und Stofftransport urbaner Flächen. Korrespondenz Wasserwirtschaft · Vol. 4 (2).

WWF (WORLD WILDLIFE FUND) (2007): Hintergrundinformation Weißstorch. http://www.wwf.at/files/downloads/weissstorch.pdf (Zugriff: 19.09.2014)

WYNHOFF, I.; VAN GESTEL, R.; VAN SWAAY, C.; VAN LANGEVELDE, F. (2011): Not only the butterflies: managing ants on road verges to benefit Phengaris (Maculinea) butterflies. Journal of Insect Conservation, 15. 189–206.

ZERBE, S. , G. WIEGLEB, G. ROSENTHAL (2009): Einführung in die Renaturierungsökologie. In: Renaturierung von Ökosystemen in Mitteleuropa (S. 1-21). Spektrum Akademischer Verlag: Heidelberg.

ZERBE, S. & G. WIEGLEB (2008): Renaturierung von Ökosystemen in Mitteleuropa. Heidelberg: Springer.

12 Anhang

12.1 Abbildungsverzeichnis

Abbildung 1: Methodischer Rahmen zur Auswahl von Zielarten (Altmoos: 1997 nach JESSEL & TOBIAS: 2002; 370)... 22

Abbildung 2: Methodischer Rahmen zur Auswahl von Zielarten (Verändert nach Vorlage von Altmoos, 1997 nach JESSEL & TOBIAS: 2002; 370)... 29

Abbildung 3: Beispielhafter Screenshot des Programmes "ABSP-View" 35

Abbildung 4: Aufnahmebogen mit Anmerkungen und Beispielen...................................... 40

Abbildung 5: Oberes Rückhaltebecken mit Einlauf des alten Regenwasserkanals und Erlenbruchwald. 43

Abbildung 6: Prozentualer Anteil der verschiedenen Strukturtypen auf dem Gelände von *Rapunzel*. ... Gesamtfläche: ca. 3,7 ha 48

Abbildung 11: Vegetation auf der Aufnahmefläche für den Strukturtyp "Pflaster mit Pflasterritzenvegetation" 60

Abbildung 12: Prozentualer Anteil der verschiedenen Strukturtypen auf dem Gelände von *Bergader*. . Gesamtfläche: ca. 3,5 ha 66

Abbildung 13: Aufnahmefläche für den Strukturtyp "Nebengebäude mit PV-Anlage". 68

Abbildung 14: Aufnahmefläche für den Strukturtyp "Rasen". 70

Abbildung 15: Aufnahmefläche für den Strukturtyp "ruderales Gebüsch". 72

Abbildung 16: Der Ufergehölzstreifen mit Höllenbach 76

Abbildung 17: Aufnahmefläche für den Strukturtyp "Zierpflanzung mit ruderalen Einsprengseln". ... 78

Abbildung 18: Potentielle Zielfläche für Maßnahme 3. 104

Abbildung 19: Potentielle Zielfläche für Maßnahme 4: Der Grünstreifen am östlichen Rand des Geländes. Hinter dem Zaun grenzt eine Extensivweide an.. 105

12.2 Tabellenverzeichnis

Tabelle 1: Mögliche Hierarchie eines Zielsystems im Natur- und Umweltschutz (nach JESSEL & TOBIAS: 2002; 342).. 20

Tabelle 2: Sektorale Leitbilder verschiedener Bezugsebenen (Adaption nach JESSEL & TOBIAS: 2002; 344 in Roweck, 1995) 21

Tabelle 3: Bewertungskriterien für die Beurteilung der Attraktivität einer potenziellen Leitart (GRAF: 2010; 9).. 27

12.3 Kartenverzeichnis

Karte 1: Lage und naturräumliche Gliederung des Landkreises Unterallgäu und der Gemeinde Legau. 47

Karte 2: Lage und naturräumliche Gliederung des Landkreises Traunstein und der Gemeinde Waging a. See. 65

Karte 3: ABSP-Flächen um Legau.. 85

Karte 4: ABSP-Punkte und Schwerpunktgebiete um Legau 86

Karte 5: Bedeutsamkeit der ABSP-Flächen um Waging am See.. 96

Karte 6: ABSP-Flächen um Waging am See. 97

Karte 7: Schwerpunktgebiete des Naturschutzes und ABSP-Punkte um Waging am See. 98

12.4 Anhänge

Anhang 1: Artenliste *Bergader* mit Zeigerwerten (L= Lichtzahl, T=Temperaturzahl,
K=Kontinentalitätszahl, F=Feuchtezahl, R=Reaktionszahl, N=Stickstoffzahl, A=Abundanz) 130
Anhang 2: Strukturen/Oberflächenbedeckung auf dem Areal von *Bergader* 131
Anhang 3: Artenliste *Rapunzel* mit Zeigerwerten (L= Lichtzahl, T=Temperaturzahl,
K=Kontinentalitätszahl, F=Feuchtezahl, R=Reaktionszahl, N=Stickstoffzahl, A=Abundanz) 132
Anhang 4: Strukturen/Oberflächenbedeckung auf dem Areal von *Rapunzel* 133

Deutscher Name	Lateinischer Name	L	T	K	F	R	N	A	Fläche NR	Strukturtyp	Datum	Schicht
Kanadisches Berufkraut	*Conyza canadensis*	8	6	x	4	x	5	3	72	Nebengebäude mit PV Anlage	04.08.2014	OK
Wiesen-Salbei	*Salvia pratensis*	8	6	4	3	8	4	3	72	Nebengebäude mit PV Anlage	04.08.2014	OK
Wiesen-Sauerampfer	*Rumex acetosa*	8	x	x	x	x	6	3	72	Nebengebäude mit PV Anlage	04.08.2014	OK
Wiesen Löwenzahn	*Taraxacum officinale*	7	x	x	5	x	8	3	72	Nebengebäude mit PV Anlage	04.08.2014	MK
Begahorn	*Acer pseudoplatanus*	4	x	4	6	x	7	2	72	Nebengebäude mit PV Anlage	04.08.2014	MK
Schafgabe	*Achillea millefolium*	8	x	x	4	x	5	2	72	Nebengebäude mit PV Anlage	04.08.2014	MK
Wiesen-Pippau	*Crepis biennis*	7	5	3	6	6	5	2	72	Nebengebäude mit PV Anlage	04.08.2014	OK
Spitzwegerich	*Plantago lanceolata*	6	x	3	x	x		3	72	Nebengebäude mit PV Anlage	04.08.2014	MK
Breitwegerich	*Plantago major*	8	x	x	5	x	6	2	72	Nebengebäude mit PV Anlage	04.08.2014	UK
Gewöhnliche Gänsedistel	*Sonchus oleraceus*	7	6	x	4	8	8	3	72	Nebengebäude mit PV Anlage	04.08.2014	OK
Englisches Raygras	*Lolium perenne*	8	6	3	5	7	7	2	72	Nebengebäude mit PV Anlage	04.08.2014	MK
Englisches Raygras	*Lolium perenne*	8	6	3	5	7	7	4	64	Rasen	04.08.2014	MK
Wiesen Löwenzahn	*Taraxacum officinale*	7	x	x	5	x	8	3	64	Rasen	04.08.2014	UK
Kleine Braunelle	*Prunella vulgaris*	7	x	3	5	7	x	3	64	Rasen	04.08.2014	UK
Scharfer Hahnenfuß	*Ranunculus acris*	7	x	3	x	x		2	64	Rasen	04.08.2014	MK
Wiesen-Sauerampfer	*Rumex acetosa*	8	x	x	x	x	6	2	64	Rasen	04.08.2014	UK
Schafgabe	*Achillea millefolium*	8	x	x	4	x	5	2	64	Rasen	04.08.2014	MK
Spitzwegerich	*Plantago lanceolata*	6	x	3	x	x		3	64	Rasen	04.08.2014	MK
Breitwegerich	*Plantago major*	8	x	x	5	x	6	2	64	Rasen	04.08.2014	UK
Gänseblümchen	*Bellis perennis*	8	x	2	5	x	6	2	64	Rasen	04.08.2014	UK
kriechender Klee	*Trifolium repens*	8	x	x	5	6	6	4	64	Rasen	04.08.2014	UK
einjähriges Rispengras	*Poa annua*	7	x	5	6	x	8	3	64	Rasen	04.08.2014	UK
Hopfenklee	*Medicago lupulina*	7	5	x	4	8	x	2	64	Rasen	04.08.2014	UK
Wiesenklee	*Trifolium pratense*	7	x	3	5	x	x	3	64	Rasen	04.08.2014	UK
Scharbockskraut	*Ranunculus ficaria*	4	5	3	6	7	7	2	64	Rasen	04.08.2014	Mk
Rote Lichtnelke	*Silene dioica*	x	x	4	6	7	8	2	64	Rasen	04.08.2014	MK
Gewöhnlicher Hornklee	*Lotus corniculatus*	7	x	3	4	7	3	2	64	Rasen	04.08.2014	UK
Hühnerhirse	*Echinochloa crus-galli*	6	7	5	5	x	8	2	64	Rasen	04.08.2014	MK
kleinköpfiger Pippau	*Crepis capillaris*	7	6	2	5	6	4	4	64	Rasen	04.08.2014	MK
Wiesen-Rispengras	*Poa pratensis*	6	x	x	5	x	6	3	18	Ruderales Gebüsch	04.08.2014	OK
Große Brennessel	*Urtica dioica*	x	x	x	6	7	9	3	18	Ruderales Gebüsch	04.08.2014	OK
Zaunwinde	*Calystegia sepium*	8	6	5	6	7	9	3	18	Ruderales Gebüsch	04.08.2014	diverse
Echte Nelkwurz	*Geum urbanum*	4	5	5	5	x	7	2	18	Ruderales Gebüsch	04.08.2014	MK
Spitzahorn	*Acer platanoides*	8	6	x	x	x	x	2	18	Ruderales Gebüsch	04.08.2014	Sts
Feldahorn	*Acer campestris*	8	7	x	5	7	6	2	18	Ruderales Gebüsch	04.08.2014	Sts
Hasel	*Corylus avellana*	6	5	x	x	x	5	3	18	Ruderales Gebüsch	04.08.2014	Sts
Faulbaum	*Frangula alnus*	6	6	5	8	4	x	3	18	Ruderales Gebüsch	04.08.2014	Sts
Gewöhnliche Waldrebe	*Clematis vitalba*	7	7	x	5	7	7	2	18	Ruderales Gebüsch	04.08.2014	Sts
Heil-Ziest	*Betonica officinalis*	7	6	5	x	x	3	2	18	Ruderales Gebüsch	04.08.2014	Ok
Wiesen-Knäuelgras	*Dactylis glomerata*	7	x	3	5	x	6	2	18	Ruderales Gebüsch	04.08.2014	OK
Faulbaum	*Frangula alnus*	6	6	5	8	4	x	2	43	Ruderalstreifen	04.08.2014	MK
Wiesen-Storchschnabel	*Geranium pratense*	8	6	5	5	8	7	2	43	Ruderalstreifen	04.08.2014	MK
Gewöhnliche Gänsedistel	*Sonchus oleraceus*	7	6	x	4	8	8	2	43	Ruderalstreifen	04.08.2014	Mk
Wiesen Löwenzahn	*Taraxacum officinale*	7	x	x	5	x	8	3	43	Ruderalstreifen	04.08.2014	MK
Kanadisches Berufkraut	*Conyza canadensis*	8	6	x	4	x	5	4	43	Ruderalstreifen	04.08.2014	OK
Felsen-Fetthenne	*Sedum rupestre*	7	5	4	2	5	1	3	43	Ruderalstreifen	04.08.2014	UK
Kleines Habichtskraut	*Hieracium pilosella*	7	x	3	4	x	2	2	43	Ruderalstreifen	04.08.2014	UK
Kriechendes Fingerkraut	*Potentilla reptans*	6	6	3	6	7	5	3	43	Ruderalstreifen	04.08.2014	UK
Horn-Sauerklee	*Oxalis corniculata*	7	7	x	4	x	6	3	43	Ruderalstreifen	04.08.2014	MK
Kalifornischer Mohn	*Eschschlozia Californica*	N	N	N	N	N	N	4	43	Ruderalstreifen	04.08.2014	MK
Heil-Ziest	*Betonica officinalis*	7	6	5	x	x	3	2	11	Sträucher mit ruderalen Einsprengseln	04.08.2014	Ok
Zaunwinde	*Calystegia sepium*	8	6	5	6	7	9	3	11	Sträucher mit ruderalen Einsprengseln	04.08.2014	diverse
Breitwegerich	*Plantago major*	8	x	x	5	x	6	2	11	Sträucher mit ruderalen Einsprengseln	04.08.2014	UK
Große Brennessel	*Urtica dioica*	x	x	x	6	7	9	3	11	Sträucher mit ruderalen Einsprengseln	04.08.2014	OK
Gewöhnliche Gänsedistel	*Sonchus oleraceus*	7	6	x	4	8	8	2	11	Sträucher mit ruderalen Einsprengseln	04.08.2014	Mk
Giersch	*Aegopodium podagraria*	5	5	3	6	7	8	2	11	Sträucher mit ruderalen Einsprengseln	04.08.2014	UK
Gewöhnliches Greiskraut	*Senecio vulgaris*	7	x	x	5	x	8	2	11	Sträucher mit ruderalen Einsprengseln	04.08.2014	MK
Hühnerhirse	*Echinochloa crus-galli*	6	7	5	5	x	8	2	11	Sträucher mit ruderalen Einsprengseln	04.08.2014	MK
Wasserpfeffer	*Persicaria hydropiper*	7	6	x	8	5	8	2	11	Sträucher mit ruderalen Einsprengseln	04.08.2014	OK
Große Brennessel	*Urtica dioica*	x	x	x	6	7	9	2	81	Ufergehölz	04.08.2014	OK
Gewöhnliche Waldrebe	*Clematis vitalba*	7	7	x	5	7	7	4	81	Ufergehölz	04.08.2014	diverse
Giersch	*Aegopodium podagraria*	5	5	3	6	7	8	3	81	Ufergehölz	04.08.2014	OK
Artengruppe Brombeere	*Rubus fruticosus agg.*	N	N	N	N	N	N	4	81	Ufergehölz	04.08.2014	OK
Indisches Springkraut	*Impatiens glandulifera*	5	7	2	8	7	7	3	81	Ufergehölz	04.08.2014	OK
Schwarzer Hollunder	*Sambucus nigra*	7	5	x	5	N	9	3	81	Ufergehölz	04.08.2014	Sts
Salweide	*Salix Caprea*	7	N	x	6	7	7	2	81	Ufergehölz	04.08.2014	Sts
Bruchweide	*Salix fragilis*	8	5	x	8	5	6	3	81	Ufergehölz	04.08.2014	Sts, BS
Traubenkirsche	*Prunus padus*	8	N	x	8	7	6	3	81	Ufergehölz	04.08.2014	BS
Wolliger Schneeball	*Viburnum lantana*	7	5	x	4	8	5	3	81	Ufergehölz	04.08.2014	Sts
Zaunwinde	*Calystegia sepium*	8	6	5	6	7	9	3	81	Ufergehölz	04.08.2014	diverse
Faulbaum	*Frangula alnus*	6	6	5	8	4	x	3	81	Ufergehölz	04.08.2014	Sts
Wiesen-Platterbse	*Lathylus pratensis*	7	5	x	6	7	6	2	81	Ufergehölz	04.08.2014	OK
Begahorn	*Acer pseudoplatanus*	4	x	4	6	x	7	2	81	Ufergehölz	04.08.2014	MK
Wiesen-Labkraut	*Galium mollugo*	7	6	3	4	7	N	2	81	Ufergehölz	04.08.2014	MK
Vogelwicke	*Vicia cracca*	7	5	x	6	x	x	2	81	Ufergehölz	04.08.2014	OK
Wald-Schachtelhalm	*Equisetum sylvatica*	3	4	x	7	5	4	2	81	Ufergehölz	04.08.2014	OK
Kriechendes Fingerkraut	*Potentilla reptans*	6	6	3	6	7	5	3	15	Zierpflanzung mit ruderalen Einsprengseln	04.08.2014	UK
Faulbaum	*Frangula alnus*	6	6	5	8	4	x	2	15	Zierpflanzung mit ruderalen Einsprengseln	04.08.2014	MK
Begahorn	*Acer pseudoplatanus*	4	x	4	6	x	7	2	15	Zierpflanzung mit ruderalen Einsprengseln	04.08.2014	MK
Heil-Ziest	*Betonica officinalis*	7	6	5	x	x	3	2	15	Zierpflanzung mit ruderalen Einsprengseln	04.08.2014	Ok
Spitzahorn	*Acer platanoides*	4	6	x	x	x	x	2	15	Zierpflanzung mit ruderalen Einsprengseln	04.08.2014	MK
Gewöhnliche Waldrebe	*Clematis vitalba*	7	7	x	5	7	7	4	15	Zierpflanzung mit ruderalen Einsprengseln	04.08.2014	diverse
Zaunwinde	*Calystegia sepium*	8	6	5	6	7	9	3	9	Zwergsträucher/Bodendecker	04.08.2014	diverse
kleinköpfiger Pippau	*Crepis capillaris*	7	6	2	5	6	4	2	9	Zwergsträucher/Bodendecker	04.08.2014	OK
Kanadisches Berufkraut	*Conyza canadensis*	8	6	x	4	x	5	3	9	Zwergsträucher/Bodendecker	04.08.2014	OK
Horn-Sauerklee	*Oxalis corniculata*	7	7	x	4	x	6	3	9	Zwergsträucher/Bodendecker	04.08.2014	MK
Rauhe Gänsedistel	*Sonchus asper*	7	5	x	6	7	7	2	9	Zwergsträucher/Bodendecker	04.08.2014	OK
Hundspetersilie	*Aethusa cynapium*	6	6	3	5	8	6	2	9	Zwergsträucher/Bodendecker	04.08.2014	MK
Schöllkraut	*Chelidonium majus*	6	6	x	5	x	8	2	9	Zwergsträucher/Bodendecker	04.08.2014	MK
Kartoffel-Rose	*Rosa rugosa*	N	N	N	N	N	N	2	9	Zwergsträucher/Bodendecker	04.08.2014	MK

Anhang 1: Artenliste *Bergader* mit Zeigerwerten (L= Lichtzahl, T=Temperaturzahl, K=Kontinentalitätszahl, F=Feuchtezahl, R=Reaktionszahl, N=Stickstoffzahl, A=Abundanz)

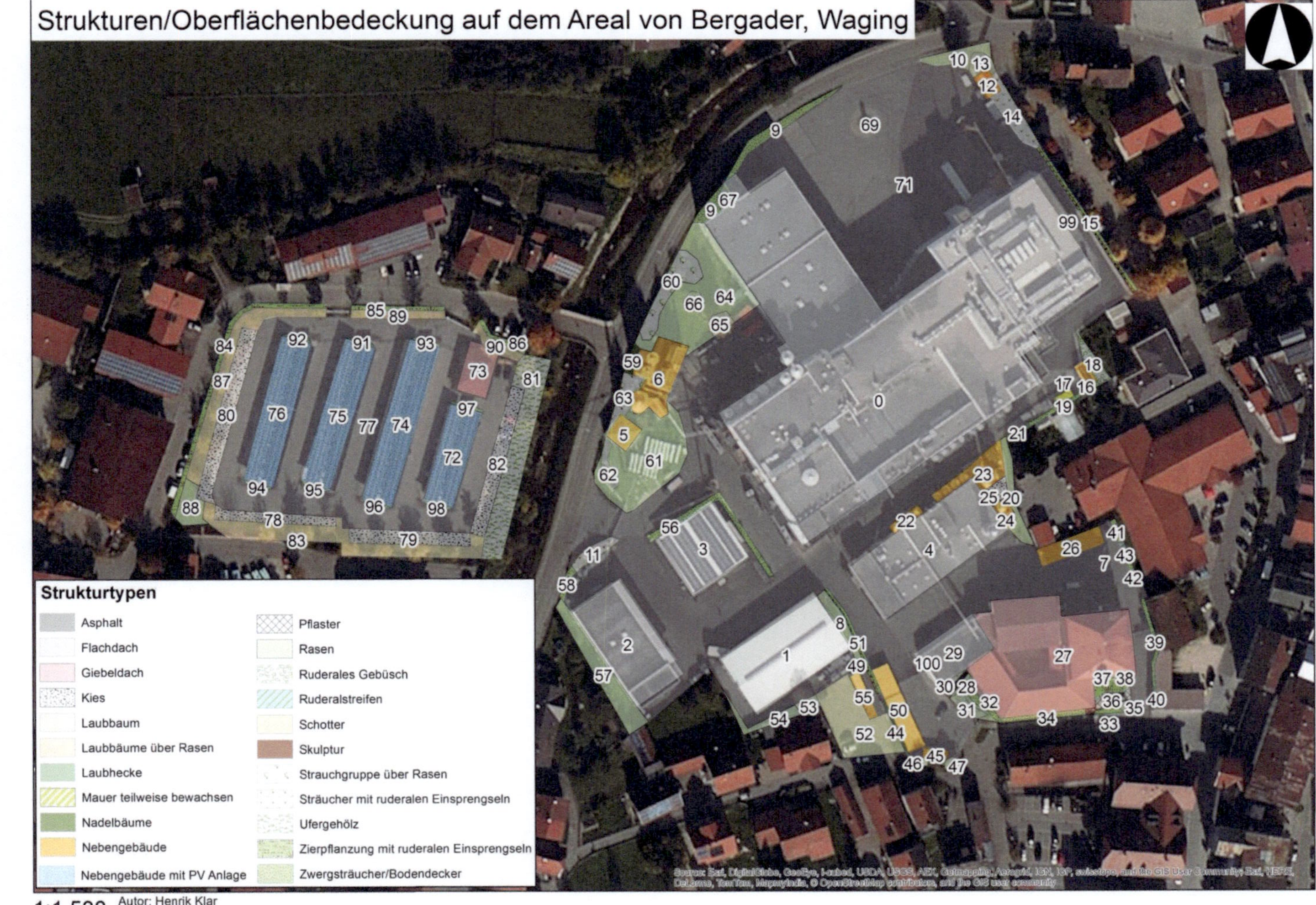

Anhang 2: Strukturen/Oberflächenbedeckung auf dem Areal von *Bergader*

Deutscher Name	Lateinischer Name	L	T	K	F	R	N	A	Fläche NR	Strukturtyp	Datum	Schicht
Wilde möhre	*Daucus carota*	8	6	5	4	x	4	4	35	Bienenweide	28.07.2014	OK
gewöhnlicher Natternkopf	*Echium vulgare*	9	6	3	4	8	4	4	35	Bienenweide	28.07.2014	OK
Färber-Hundskamille	*Anthemis Tinctoria*	8	6	5	3	6	4	4	35	Bienenweide	28.07.2014	Ok
Hopfenklee	*Medicago lupulina*	7	5	x	4	8	x	4	35	Bienenweide	28.07.2014	UK
Acker-Kratzdistel	*Cirsium arvense*	8	5	x	x	x	7	3	35	Bienenweide	28.07.2014	OK
gemeine Nachtkerze	*Oenothera biennis*	9	7	3	4	x	4	3	35	Bienenweide	28.07.2014	OK
Saat-Luzerne	*Medicago sativa*	8	6	6	4	7	x	3	35	Bienenweide	28.07.2014	OK
Wiesen-Storchschnabel	*Geranium pratense*	8	6	5	5	8	7	3	35	Bienenweide	28.07.2014	MK
Weiße Lichtnelke	*Silene alba*	8	6	x	4	x	7	3	35	Bienenweide	28.07.2014	MK
Spitzwegerich	*Plantago lanceolata*	6	x	3	x	x	x	2	35	Bienenweide	28.07.2014	MK
Klatschmohn	*Papaver rhoeas*	6	6	3	5	7	6	2	35	Bienenweide	28.07.2014	MK
Schafgabe	*Achillea millefolium*	8	x	x	4	x	5	2	35	Bienenweide	28.07.2014	MK
Wiesen-Flockenblume	*Centaurea jacea*	7	x	5	x	x	x	2	35	Bienenweide	28.07.2014	MK
Wiesen-Lieschgras	*Phleum pratense*	7	x	5	5	x	7	2	35	Bienenweide	28.07.2014	OK
Wiesen-Rispengras	*Poa pratensis*	6	x	x	5	x	6	2	35	Bienenweide	28.07.2014	OK
Spitzwegerich	*Plantago lanceolata*	6	x	3	x	x	x	3	66	artenarmer Rasen	28.07.2014	MK
Schafgabe	*Achillea millefolium*	8	x	x	4	x	5	3	66	artenarmer Rasen	28.07.2014	UK
einjähriges Rispengras	*Poa annua*	7	x	5	6	x	8	4	66	artenarmer Rasen	28.07.2014	UK
Englisches Raygras	*Lolium perenne*	8	6	3	5	7	7	3	66	artenarmer Rasen	28.07.2014	UK
kriechender Klee	*Trifolium repens*	8	x	x	5	6	6	3	66	artenarmer Rasen	28.07.2014	UK
Breitwegerich	*Plantago major*	8	x	x	5	x	6	3	66	artenarmer Rasen	28.07.2014	UK
Kleine Braunelle	*Prunella vulgaris*	7	x	3	5	7	x	2	66	artenarmer Rasen	28.07.2014	UK
kleinköpfiger Pippau	*Crepis capillaris*	7	6	2	5	6	4	2	66	artenarmer Rasen	28.07.2014	MK
gewöhnliches Hornkraut	*Cerastium fontanum*	6	3	4	5	5	5	2	66	artenarmer Rasen	28.07.2014	MK
Wiesenklee	*Trifolium pratense*	7	x	3	5	x	x	2	66	artenarmer Rasen	28.07.2014	UK
Gänseblümchen	*Bellis perennis*	8	x	2	5	x	6	2	66	artenarmer Rasen	28.07.2014	UK
Gänseblümchen	*Bellis perennis*	8	x	2	5	x	6	3	18, 30	artenreicher Rasen	28.07.2014	UK
kriechender Klee	*Trifolium repens*	8	x	x	5	6	6	4	18, 30	artenreicher Rasen	28.07.2014	UK
Wiesen Löwenzahn	*Taraxacum officinale*	7	x	x	5	x	8	3	18, 30	artenreicher Rasen	28.07.2014	Mk
Kleine Braunelle	*Prunella vulgaris*	7	x	3	5	7	x	3	18, 30	artenreicher Rasen	28.07.2014	UK
Kriechender Hahnenfuß	*Ranunculus repens*	6	x	x	7	x	7	3	18, 30	artenreicher Rasen	28.07.2014	UK
Hopfenklee	*Medicago lupulina*	7	5	x	4	8	x	3	18, 30	artenreicher Rasen	28.07.2014	UK
Spitzwegerich	*Plantago lanceolata*	6	x	3	x	x	x	2	18, 30	artenreicher Rasen	28.07.2014	MK
Wiesen-Sauerampfer	*Rumex acetosa*	8	x	x	x	x	6	1	30	artenreicher Rasen	28.07.2014	MK
Breitwegerich	*Plantago major*	8	x	x	5	x	6	2	18, 30	artenreicher Rasen	28.07.2014	UK
Gewöhnliches Ferkelkraut	*Hypochaeris radicata*	8	5	3	5	4	3	2	18, 30	artenreicher Rasen	28.07.2014	MK
Rauher Löwenzahn	*Leontodon hispidus*	8	x	3	5	7	6	2	18, 30	artenreicher Rasen	28.07.2014	MK
gewöhnliches Hornkraut	*Cerastium fontanum*	6	3	4	5	5	5	3	18, 30	artenreicher Rasen	28.07.2014	MK
Wilde möhre	*Daucus carota*	8	6	5	4	x	4	1	18, 30	artenreicher Rasen	28.07.2014	MK
kleinköpfiger Pippau	*Crepis capillaris*	7	6	2	5	6	4	2	18, 30	artenreicher Rasen	28.07.2014	MK
Gewöhnliche Gänsedistel	*Sonchus oleraceus*	7	6	x	4	8	8	2	18, 30	artenreicher Rasen	28.07.2014	MK
Englisches Raygras	*Lolium perenne*	8	6	3	5	7	7	3	18, 30	artenreicher Rasen	28.07.2014	MK
Wiesen-Rispengras	*Poa pratensis*	6	x	x	5	x	6	2	30	artenreicher Rasen	28.07.2014	Mk
Wiesen-Borstgras	*Nardus stricta*	8	x	3	x	2	2	2	18, 30	artenreicher Rasen	28.07.2014	UK
Wiesen Glockenblume	*Campanula patula ssp. costae*	8	6	4	5	7	5	1	18	artenreicher Rasen	28.07.2014	MK
Orangerotes Habichtskraut	*Hieracium aurantiacum*	8	3	3	5	4	2	1	18	artenreicher Rasen	28.07.2014	MK
Orangerotes Habichtskraut	*Hieracium aurantiacum*	8	3	3	5	4	2	2	28	Gärtnerische Gestaltung mit ruderalen Einsprengseln	28.07.2014	MK
Wiesen-Storchschnabel	*Geranium pratense*	8	6	5	5	8	7	2	27	Gärtnerische Gestaltung mit ruderalen Einsprengseln	28.07.2014	MK
Zaunwinde	*Calystegia sepium*	8	6	5	6	7	9	3	27,28	Gärtnerische Gestaltung mit ruderalen Einsprengseln	28.07.2014	MK
Kleinblütiges Weideröschen	*Epilobium parviflorum*	7	5	3	9	8	6	2	27	Gärtnerische Gestaltung mit ruderalen Einsprengseln	28.07.2014	OK
Ruprechtskraut	*Geranium robertianum*	5	x	3	x	x	7	2	27	Gärtnerische Gestaltung mit ruderalen Einsprengseln	28.07.2014	MK
Gewöhnlicher Frauenmantel	*Alchemilla vulgaris*	6	4	3	6	x	6	2	27, 28	Gärtnerische Gestaltung mit ruderalen Einsprengseln	28.07.2014	UK
Echtes Johanniskraut	*Hypericum perforatum*	7	6	5	4	6	4	2	28	Gärtnerische Gestaltung mit ruderalen Einsprengseln	28.07.2014	OK
Ruprechtskraut	*Geranium robertianum*	5	x	3	x	x	7	2	28	Gehölze über zumeist artenarmen Rasen	28.07.2014	MK
kleinköpfiger Pippau	*Crepis capillaris*	7	6	2	5	6	4	2	28	Gehölze über zumeist artenarmen Rasen	28.07.2014	MK
Englisches Raygras	*Lolium perenne*	8	6	3	5	7	7	4	28	Gehölze über zumeist artenarmen Rasen	28.07.2014	MK
gewöhnliches Hornkraut	*Cerastium fontanum*	6	3	4	5	5	5	2	28	Gehölze über zumeist artenarmen Rasen	28.07.2014	MK
Breitwegerich	*Plantago major*	8	x	x	5	x	6	2	28	Gehölze über zumeist artenarmen Rasen	28.07.2014	UK
Wiesen-Rispengras	*Poa pratensis*	6	x	x	5	x	6	2	28	Gehölze über zumeist artenarmen Rasen	28.07.2014	Mk
kriechender Klee	*Trifolium repens*	8	x	x	5	6	6	3	28	Gehölze über zumeist artenarmen Rasen	28.07.2014	UK
einjähriges Rispengras	*Poa annua*	7	x	5	6	x	8	2	28	Gehölze über zumeist artenarmen Rasen	28.07.2014	UK
Gänseblümchen	*Bellis perennis*	8	x	2	5	x	6	2	28	Gehölze über zumeist artenarmen Rasen	28.07.2014	UK
Echte Nelkwurz	*Geum urbanum*	4	5	5	5	x	7	2	28	Gehölze über zumeist artenarmen Rasen		MK
Wald-Erdbeere	*Fragaria vesca*	7	x	5	5	x	6	1	28	Gehölze über zumeist artenarmen Rasen		UK
Rainkohl	*Lapsana communis*	5	6	3	5	x	7	2	28	Gehölze über zumeist artenarmen Rasen		MK
Große Brennessel	*Urtica dioica*	x	x	x	6	7	9	2	28	Gehölze über zumeist artenarmen Rasen		OK
Scharfer Hahnenfuß	*Ranunculus acris*	7	x	3	x	x	x	2	28	Gehölze über zumeist artenarmen Rasen		MK
Kahles Bruchkraut	*Herniaria glabra*	8	6	5	3	4	2	3	7	Pflaster mit Pflasterritzenvegetation	28.07.2014	UK
Strahlenlose Kamille	*Matricaria discoidea*	8	5	3	5	7	8	3	7	Pflaster mit Pflasterritzenvegetation	28.07.2014	UK
Breitwegerich	*Plantago major*	8	x	x	5	x	6	3	7	Pflaster mit Pflasterritzenvegetation	28.07.2014	UK
Wiesen-Borstgras	*Nardus stricta*	8	x	3	x	2	2	3	7	Pflaster mit Pflasterritzenvegetation	28.07.2014	UK
kriechender Klee	*Trifolium repens*	8	x	x	5	6	6	2	7	Pflaster mit Pflasterritzenvegetation	28.07.2014	UK
einjähriges Rispengras	*Poa annua*	7	x	5	6	x	8	2	7	Pflaster mit Pflasterritzenvegetation	28.07.2014	UK
Kleinblütige Königskerze	*Verbascum thapsus*	8	x	3	4	7	7	1	7	Pflaster mit Pflasterritzenvegetation	28.07.2014	UK

Anhang 3: Artenliste *Rapunzel* mit Zeigerwerten (L= Lichtzahl, T=Temperaturzahl, K=Kontinentalitätszahl, F=Feuchtezahl, R=Reaktionszahl, N=Stickstoffzahl, A=Abundanz)

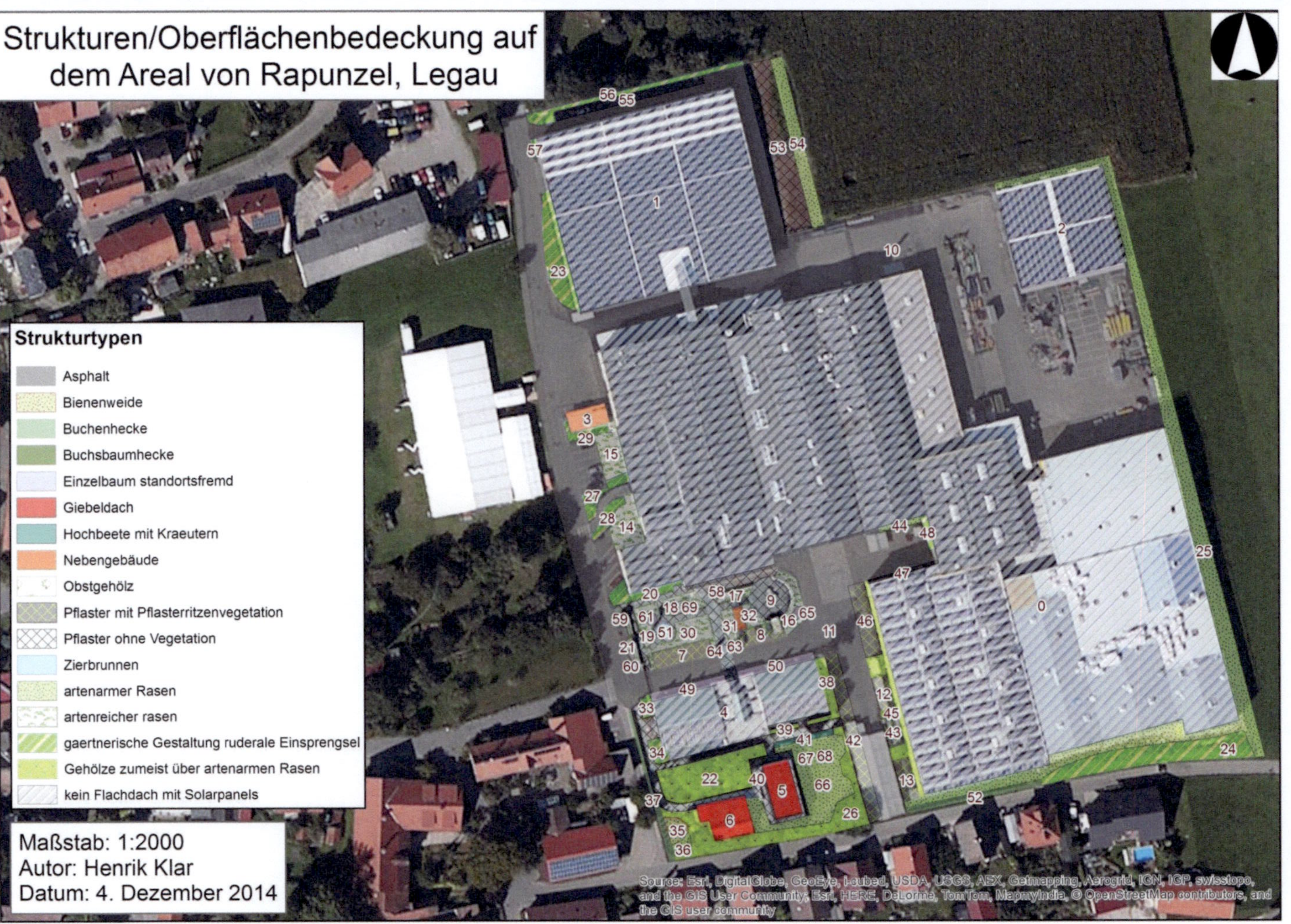

Anhang 4: Strukturen/Oberflächenbedeckung auf dem Areal von *Rapunzel*